Cocktail's Encyclopedia

调酒事典

——舌尖上的鸡尾酒

李祥睿　陈洪华　编著

化学工业出版社
·北京·

本书主要介绍鸡尾酒的分类和命名、基酒入门知识、鸡尾酒的辅料、鸡尾酒的装饰物、鸡尾酒调制工具和设备、鸡尾酒调制方法和整体设计、鸡尾酒调制与配方实例。

本书可供酒吧从业人员、烹饪专业师生和鸡尾酒爱好者参考。

图书在版编目（CIP）数据

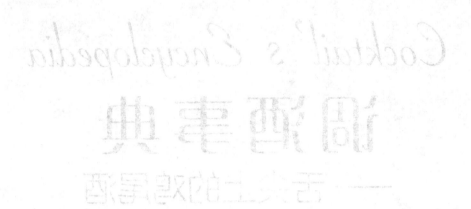

调酒事典：舌尖上的鸡尾酒/李祥睿，陈洪华编著.
—北京：化学工业出版社，2018.11（2025.2重印）
ISBN 978-7-122-32886-1

Ⅰ.①调…　Ⅱ.①李…②陈…　Ⅲ.①鸡尾酒-基本知识　Ⅳ.①TS972.19

中国版本图书馆CIP数据核字（2018）第194237号

责任编辑：彭爱铭　　　　装帧设计：张　辉
责任校对：王　静

出版发行：化学工业出版社（北京市东城区青年湖南街13号　邮政编码100011）
印　　装：北京天宇星印刷厂
710mm×1000mm　1/16　印张$12^{1}/_{2}$　字数251千字　2025年2月北京第1版第5次印刷

购书咨询：010-64518888　售后服务：010-64518899
网　　址：http：//www.cip.com.cn
凡购买本书，如有缺损质量问题，本社销售中心负责调换。

定　　价：49.00元

前言

调酒是一门技术，也是一门艺术，还是一门文化。可以说，调酒是技术、艺术与文化的结晶。调酒是一项专业性很强的工作，其目的在于调制出色、香、味、型、器、质、养、卫俱佳的酒品，以满足人们视觉、嗅觉、味觉和精神等方面的享受。

本书共分七章，从鸡尾酒概述、基酒知识、鸡尾酒的辅料、鸡尾酒的装饰物、鸡尾酒调制工具和设备、鸡尾酒调制方法与整体设计，一直到鸡尾酒调制与配方实例等方面，全面、系统地介绍了鸡尾酒的产生与发展、调制原料、调制工具和设备、调制方法等相关内容。特别是在最后一章鸡尾酒调制与配方实例中，对遴选的鸡尾酒品，不仅有来龙去脉的交待，而且每一个配方都有相应的图片，力争使读者拥有直观的甚至身临其境的体验，进一步提高本书的实用价值。

本书由扬州大学李祥睿、陈洪华编著，赵节昌、高正祥、王爱红、曾玉祥、高玉兵、许振兴、张玲玲、贺芝芝、盛红风、张荣明、李佳琪等参与部分编写工作。在编撰过程中，我们参考了国内外同行的相关著作，并得到了扬州大学旅游烹饪学院和化学工业出版社的大力支持，在此一并表示谢忱。同时，由于笔者水平的局限，书中难免存在不妥之处，期盼同仁们及广大读者批评指正。

李祥睿　陈洪华

2018年5月

目录

第一章

鸡尾酒概述

第一节　鸡尾酒的概念

酒，人们并不陌生。然而提起鸡尾酒，能够道出所以然，及至闻味知名，观色晓质的却并不多见。

“鸡尾酒”（cocktail）一词在英文中由英文cock（公鸡）和tail（尾）两词组成的，自然就有了鸡尾酒的名称。鸡尾酒是由两种或两种以上的饮料，按一定的配方、比例和调制方法，混合而成的饮品。

鸡尾酒颇有个性，具有以下一些特点。

第一，鸡尾酒是一种混合艺术酒。鸡尾酒由两种或两种以上的饮料调和而成，其中至少有一种为酒精性饮料（也不排除部分鸡尾酒品种向无酒精化发展）。鸡尾酒注重成品色、香、味、型等特征。

第二，鸡尾酒品种繁多、调法多样。用于鸡尾酒调制的基酒有很多类型，而且所用的辅料种类也不相同，再加上鸡尾酒的调制方法复杂多样。所以，算上流行鸡尾酒的酒谱、确定的配方，加上每年不断创新的鸡尾酒新品种，鸡尾酒品种数量的发展速度相当惊人。而且，调制的方法也在不断变化，往往集实用、方便、娱乐、欣赏性于一体。

第三，鸡尾酒具有一定的营养保健作用。鸡尾酒是一种混合饮料。而混合是现代营养学的一个重要概念，意味着更好的均衡与互补。鸡尾酒似乎秉承了这种内涵。所用的基酒、饮料、辅料甚至装饰料都含有一定的营养成分。

第四，鸡尾酒具有能够增进食欲的功能。由于鸡尾酒中含有的少量调味辅料，如酸味、苦味、辣味等成分，饮用后，能够改善口味、增进食欲。

第五，鸡尾酒具有冷饮的性质。冰凉是鸡尾酒的生命，因此，绝大多数鸡尾酒调制都需用到冰块，呈现的酒品大都是冰凉的。但是，并不排除鸡尾酒中有个别酒品采用热饮的方式。例如，爱尔兰咖啡（Irish Cafe）、皇家咖啡（Royal Cafe）、热朗姆酒托地（Hot Rum Toddy）等。

第六，鸡尾酒讲究色泽美观。鸡尾酒具有细致、优雅、匀称、均一的色调。常规的鸡尾酒有澄清型和浑浊型两种类型。澄清型鸡尾酒清亮透明，除极少量因鲜果带入固形物外，没有其他任何沉淀物；浑浊型鸡尾酒酒体不太透明。

第七，鸡尾酒强调香气的协调。鸡尾酒很注重强调各组分之间香气的协调。在鸡尾酒调制过程中，通常以鸡尾酒基酒的香气为主，辅料用以衬托基酒的主体香气，起到一定的辅佐效果。

第八，鸡尾酒具有良好的口味。鸡尾酒必须有良好的口味，而且这种口味应该优于单体组分。品尝鸡尾酒时，如果过甜、过苦或过香，就会影响风味的品尝与鉴定，从而降低了鸡尾酒的品质，这是调酒所不能允许的。

第九，鸡尾酒讲究外在的造型。鸡尾酒具有随物赋型的功能，因此，由式样新颖大方、颜色协调得体、容积大小适当的载杯盛载，给予了鸡尾酒以千姿百态的外形。同时，装饰物虽非必须，但也是常有的，它们对于鸡尾酒饮品的造型，犹如锦上添花，相得益彰。

第十，鸡尾酒注重卫生要求。鸡尾酒属于食品的范畴，其加工制作必须符合《中华人民共和国食品安全法》等相关法律法规的要求。在调酒过程中，材料的选择，杯具的清洗、消毒、擦拭以及调制过程必须规范，符合卫生条件。

第二节　鸡尾酒的分类

目前世界上鸡尾酒有3000多种，且还有增加的趋势。现将目前酒吧通行的分类方法介绍如下。

一、按定型与否分类

（一）不定型鸡尾酒

指临时构思、组合搭配调制后立即饮用的鸡尾酒。其配方不绝对固定。

（二）定型鸡尾酒

一类是按照酒谱调制后，立即饮用的，其配方绝对固定的鸡尾酒。其中大部分为经典的、流行鸡尾酒。

另一类是指市场供应的、酒厂调兑的瓶装、罐装鸡尾酒产品。例如冰锐、锐澳等各种预调鸡尾酒。

二、按不同基酒分类

主要有白兰地酒类、威士忌酒类、金酒类、朗姆酒类、伏特加酒类、特基拉酒类、葡萄酒类、香槟酒类、啤酒类、利口酒类、中国白酒类、日本清酒类等。

三、按饮用时间和场所分类

（一）清晨鸡尾酒

清晨，人们大多情绪不高，可饮用一杯蛋制鸡尾酒，以饱满的精神投入一天的工作、学习和生活。

（二）餐前鸡尾酒

它是以增加食欲为目的的鸡尾酒，可选饮含糖量较少、微酸或稍烈的冰镇鸡尾酒或开胃葡萄鸡尾酒。如被称为鸡尾酒鼻祖的马天尼（Martini）和曼哈顿（Manhattan）即属此类。

（三）餐后鸡尾酒

这类鸡尾酒有助于消化，多为含有多种药材的甜味鸡尾酒，如亚历山大鸡尾酒（Alexander）；也可饮用在热咖啡中加入适量白兰地或利口酒调成的咖啡酒。

（四）晚餐鸡尾酒

这是晚餐时饮用的鸡尾酒，一般口味很辣，如法国鸭臣鸡尾酒（Absinthe）。

（五）寝前鸡尾酒

这类鸡尾酒多以具有滋补和安眠作用的茴香、牛奶、鸡蛋等材料调制而成。如白兰地蛋诺（Brandy Eggnog）等。

（六）俱乐部鸡尾酒

在用正餐（午、晚餐）时，营养丰富的鸡尾酒可代替凉菜和汤类。这种鸡尾酒色彩鲜艳，略呈刺激性，故有利于调和入口的肴馔，可作佐餐鸡尾酒。如三叶草俱乐部鸡尾酒（Clover Club Cocktail）等。

（七）香槟鸡尾酒

该酒以香槟酒为基酒调制而成，其风格清爽、典雅，通常在盛夏或节日饮用。如含羞草（Mimosa）等。

（八）季节鸡尾酒

有适于春、夏、秋、冬不同季节饮用和一年四季皆宜饮用的鸡尾酒之分。例如，在炎热而出汗多的夏季，饮用冰镇“长饮”，可消暑解渴；平时饮用“短饮”；而在寒冷的冬季，则更适于饮用热的鸡尾酒。

（九）星座鸡尾酒

以十二星座为代表的鸡尾酒。主要有白羊座，星座代表酒为神风特攻队

（Kmaikaze）；金牛座，星座代表酒为教父（Godfather）；双子座，星座代表酒为床第之间（Between the Sheets）；巨蟹座，星座代表酒为金色凯迪拉克（Golden Cadillac）；狮子座，星座代表酒为螺丝刀（Screwdriver）；处女座，星座代表酒为蓝色珊瑚礁（Blue Coral Reef）；天秤座，星座代表酒为斯汀格（Stinger）；天蝎座，星座代表酒为威士忌酸（Whiskey Sour）；射手座，星座代表酒为黛克瑞（Daiquiri）；摩羯座，星座代表酒为金色梦想（Golden Dream）；水瓶座，星座代表酒为侧车（Sidecar）；双鱼座，星座代表酒为古典（Old Fashioned）。

四、按饮用温度分类

（一）冰镇鸡尾酒

这是指调酒时需加冰降温的鸡尾酒。

（二）常温鸡尾酒

这是指无需加冰，可在常温下饮用的鸡尾酒。

（三）加热鸡尾酒

调酒时可按配方加入热水、热牛奶或热咖啡，但其温度不得高于78℃，以免酒精挥发。

五、按鸡尾酒的酒精含量高低及鸡尾酒的分量分类

（一）长饮（Long Drink）

又称休闲饮料。这是一类酒精含量较低、酒性较温和、口味较甜、分量也较大的鸡尾酒。它以烈性酒、啤酒或利口酒等为基酒，与果汁、糖浆、苏打水或矿泉水调配、稀释而成，基酒用量较少，而软饮料用量较多；采用水杯、高型酒杯或较大而深的高脚杯装盛；大多饰以柠檬片、青柠片、红樱桃，并插入1～2根吸管供顾客慢慢吸饮，可放置较长时间不变质，故名长饮。长饮的酒度为8°左右，通常在1h之内饮用2～3杯为宜。

长饮又可分为冷饮（Cold Drink）和热饮（Hot Drink）两种。冷饮为消暑佳品。热饮为冬季所必需，杯中加热水或热牛奶等。两者可以长时间饮用。冷饮饮用最佳温度为5～6℃。热饮饮用最佳温度为60～78℃。

（二）短饮（Short Drink）

又称之为烈性饮料。其特点与长饮相反。这类酒对于有酒量的人而言，往往不加任何辅料，而喜欢将白兰地酒、威士忌酒等直接加冰饮用；但大多数饮者喜欢添加调料的酒品。

这类酒一般是基酒所占比重在50%以上，甚至70%～80%，酒度为28°左右。适合短时间内饮用的高酒精饮料。酒量约60mL，3～4口喝完，加冰或不加冰。由于其酒精含量较高、分量也较少，故通常采用鸡尾酒杯或香槟酒杯盛装。例如，马天尼（Martini）和曼哈顿（Manhattan）等均属此类。

六、按原料、制法及鸡尾酒的名称、特性和饮用对象分类

见表1-1。

表1-1 鸡尾酒的分类

序号	名称	原料	制法	特性	载杯	饮用对象
1	开胃酒类（Aperitifs）	开胃酒、饮料、苦酒、方冰	搅拌、掺兑、饰以橄榄	开胃、健脾	鸡尾酒杯	男士
2	高杯饮料（High Ball）	基酒、汽水、方冰	搅拌、掺兑	清凉	海波杯	男士
3	朱力普（Juleps）	基酒、刨冰、糖粉、薄荷叶	掺兑	清凉、润喉	海波杯、雪糖杯型	男士、女士
4	哥连士（Collins）	基酒、柠檬汁、糖浆、汽水、方冰、刨冰	搅拌、掺兑、饰以樱桃	清凉	哥连士杯	女士
5	考伯乐（Cobblers）	基酒、橙皮甜酒	摇动、搅拌、饰以水果	清凉	水杯	女士
6	库勒（Cooler）	酿造酒、柠檬汁、糖浆、汽水、方冰、刨冰	搅拌、掺兑、饰以果皮	清凉	哥连士杯	女士
7	菲克斯（Fixs）	烈酒、柠檬汁、糖、水果、细冰	掺兑、搅拌	清凉	海波杯	女士
8	菲士（Fizz）	基酒、蛋清、糖浆、糖、柠檬汁或青柠汁、苏打、方冰	摇动	清凉	海波杯	女士
9	菲力普（Flips）	烈酒、雪利酒、苹果酒、糖浆、蛋黄或蛋白、碎冰	摇动	清凉、香甜、滋补	葡萄酒杯	女士
10	杯饮（Cups）	白兰地等烈酒与橙皮甜酒、水果、红石榴糖浆、柠檬汁、苏打水、碎冰	摇动	清凉、香甜	葡萄酒杯	女士
11	瑞克（Rickeys）	金酒、威士忌等烈酒，莱姆汁、冰块、苏打水	搅拌、饰以青柠皮	清凉	海波杯	女士
12	司令（Slings）	烈酒，加入利口酒、微量苦酒、果汁、石榴糖浆、苏打水、冰块	搅拌	清凉	哥连士杯、海波杯	女士
13	赞比（Zombie）	朗姆酒等与果汁、水果、水等	搅拌、掺兑	清凉	哥连士杯、海波杯	女士
14	思迈斯（Smashes）	烈酒、糖及薄荷等	搅拌、掺兑	清凉	海波杯	女士

续表

序号	名称	原料	制法	特性	载杯	饮用对象
15	赞明（Zoom）	烈酒或利口酒，加入用开水溶解的蜂蜜和新鲜牛奶等	搅拌、掺兑	清凉	波特酒杯	女士
16	冰块饮料（On the Rocks）	基酒、冰块	掺兑	清凉	古典杯	男士
17	尼古斯（Negus）	葡萄酒、糖、柠檬汁、水、豆蔻粉	搅拌、掺兑	清凉	哥连士杯	男士、女士
18	考地亚（Cordial）	利口酒、碎冰	掺兑	清凉	白葡萄酒杯	女士
19	瑞滋（Izze）	利口酒、糖和苏打水	掺兑	清凉	哥连士杯、森比杯	女士
20	汤姆和泽里（Tom & Jerry）	朗姆酒、鸡蛋、白糖、热水或牛奶	搅拌、掺兑	清凉	哥连士杯或瓷制泽里杯	女士
21	丽客（Riskey）	烈酒、柠檬汁、苏打水、冰块	掺兑	清凉	哥连士杯	女士
22	司美（Smach）	基酒、刨冰、糖粉、薄荷叶	掺兑	清凉	哥连士杯	女士
23	霸克（Buck）	烈酒、姜汁汽水、冰块	掺兑	清凉	海波杯	女士
24	吉姆莱特（Gimlet）	金酒、伏特加、雪利酒与糖粉、青柠汁	搅拌、掺兑	清凉	古典杯或坦布勒杯	男士
25	斯加发（Scaffa）	朗姆酒或其他烈酒加入金巴利、味美思和利口酒	搅拌、掺兑	清凉、开胃	古典杯	男士
26	喜拉布（Shrub）	烈酒加入金巴利、味美思和利口酒	搅拌、掺兑	清凉	古典杯	男士
27	马天尼（Martini）	金酒、味美思	掺兑	清凉、开胃	鸡尾酒杯	男士
28	曼哈顿（Manhattan）	黑麦威士忌、味美思	摇动、掺兑	清凉、开胃	鸡尾酒杯	男士、女士
29	富莱普（Frappe）	烈酒、各种利口酒、碎冰	掺兑	清凉、开胃	香槟杯	男士、女士
30	可斯塔（Crustas）	烈酒、糖浆及冰霜	掺兑、雪糖杯型	清凉、开胃	葡萄酒杯	男士、女士
31	黛西（Daisy）	金酒或白兰地、威士忌等烈酒、糖浆、柠檬或苏打水	掺兑	清凉	鸡尾酒杯	女士
32	珊格里（Sangaree）	白兰地或金酒等烈酒，或葡萄酒等其他基酒、糖、冰块	摇动	清凉	鸡尾酒杯	男士、女士
33	托地（Toddy）	威士忌、白兰地、朗姆酒、柠檬皮、糖浆	摇动、搅拌	清凉或温暖	古典杯、哥连士杯	男士、女士
34	热饮（Hot Drinks）	烈酒、糖、鸡蛋及热牛奶	搅拌	暖胃、滋养	哥连士杯、海波杯	男士、女士

续表

序号	名称	原料	制法	特性	载杯	饮用对象
35	葛劳葛（Grog）	白兰地或朗姆酒、柠檬皮、沸水	搅拌	暖胃	哥连士杯、海波杯	男士、女士
36	火热酒（Mulls）	葡萄酒、白糖及肉豆蔻粉	搅拌	暖胃	汤姆杯或瓷泽里杯	男士、女士
37	双料酒（Two Liquor Drinks）	烈酒、利口酒、方冰	搅拌、掺兑	甜烈	古典杯	男士
38	奶类饮料（Cream Drinks）	乳、烈酒、利口酒	摇动	滋补、香甜	鸡尾酒杯或香槟杯	女士
39	蛋诺（Egg Nogs）	威士忌、朗姆酒等烈酒，牛奶、鸡蛋、糖、豆蔻粉	摇动	滋补、香甜	高杯或异型鸡尾酒杯	女士
40	酸酒（Sour）	白兰地或威士忌、金酒、苹果白兰地等烈酒，与柠檬汁或青柠汁、水果、适量糖粉、方冰或碎冰	摇动、饰以柠檬片或橙片和樱桃	开胃	酸酒杯	男士
41	古典（Old Fashioned）	威士忌或其他烈酒、糖、苦精、橘汁、樱桃、方冰	摇动	清凉、开胃	古典杯	男士
42	彩虹酒（Pousse Cafe）	白兰地、不同色泽的利口酒、石榴糖浆	漂浮	清凉	利口酒杯	男士、女士
43	果汁饮料（Juice Drinks）	烈酒、果汁、方冰	掺兑	清凉	海波杯	女士
44	冰激凌饮料（Ice Cream）	烈酒、冰激凌	摇动、电动调和	清凉	香槟杯	女士
45	四维丝（Swizzles）	烈酒、碎冰、苏打水	掺兑	清凉	海波杯	女士
46	漂浮（Float）	苏打水、白兰地及冰块	漂浮	清凉	哥连士杯	男士
47	蜜思特（Mist）	威士忌、柠檬皮（扭出油）、碎冰	掺兑	清凉	古典杯	男士
48	帕佛（Puff）	白兰地或威士忌、鲜牛奶、冰镇苏打水	掺兑	清凉	坦布勒杯	女士
49	提神酒（Pick me up）	橙味利口酒、白兰地、冰镇香槟酒，或白兰地、潘诺酒、柠檬汁、糖粉、鸡蛋、肉豆蔻粉	摇动	清凉	香槟酒杯或鸡尾酒杯	男士
50	宾治（Punch）	烈酒、葡萄酒、果汁、砂糖、香料、柠檬等	浓、淡、香、甜、冷、热、滋养等	宾治是大型酒会必备的饮料	宾治碗、宾治杯	男士、女士

第三节　鸡尾酒的命名

鸡尾酒的命名是指每款酒品的名称如何确定。有时同一种配方的鸡尾酒，却有不同的名称；而有时名称相同，但配方可能不一样。了解鸡尾酒的命名规则，有助于掌握鸡尾酒的配方、特性及其丰富的内涵。

一、以鸡尾酒的材料命名

这里所说的鸡尾酒的材料，包括基酒及一切辅料。

（一）樱桃香槟（Champagne & Cherry）

以冷香槟和樱桃利口酒在空心高脚香槟杯内调制而成，以鲜樱桃装饰。

（二）荷兰咖啡（Holland Cafe）和爱尔兰咖啡（Irish Cafe）

前者以荷兰金酒与咖啡等调制而成；后者以爱尔兰威士忌酒与咖啡等调制而成。

（三）金汤力（Gin & Tonic）

金酒与汤力水调配而成。

（四）朗姆可乐（Rum & Cola）

朗姆酒和可口可乐调配而成。

二、以人名、地名、公司名等命名

（一）以人名命名的鸡尾酒

1. 汤姆哥连士（Tom Collins）

这是酸酒的典型酒品。它起源于18世纪的英格兰，以当时供职于伦敦林姆斯酒店（Limmer's Hotel）一位服务员的名字为酒名。那时，他的很多顾客都喜欢金酒加苏打水。在一个炎热的夏日，他在述饮料中加入少量柠檬汁，并添加适量甜型的老汤姆金酒，从而调制出了清新爽口的“汤姆哥连士”鸡尾酒。现在，多以干金酒代替老汤姆金酒；但为了保持“汤姆哥连士”的酸甜味，在调制时使用了适量的糖粉。

2. 约翰哥连士（John Collins）

据说纽约有一家以调制“杜松子司令”鸡尾酒而出名的酒店，其调酒师名为“约翰哥连士”。因此，慕名而来的顾客向服务员用手指着酒单上“杜松子司令”的酒名，但嘴里却说的是那位调酒师的名字。时间一长，原来的酒名也就被人名取代。

3. 血腥玛丽（Bloody Mary）

血腥玛丽是指16世纪中叶英格兰的女王玛丽一世，她为复兴天主教而迫害多数新教徒。因此得到了这个绰号。本款鸡尾酒颜色血红，使人联想到当年的屠杀，故名。

4. 玛格丽特（Margaret）

本款鸡尾酒是1949年全美鸡尾酒大赛冠军酒品，它的创作者是洛杉矶的简・杜雷萨。1926年，他和恋人玛格丽特外出打猎，她不幸中流弹身亡。简・杜雷萨从此郁郁寡欢，为纪念爱人，将自己的获奖作品以她的名字命名。因为玛格丽特生前特别喜欢吃咸的东西，故本款鸡尾酒杯使用盐口杯。

（二）以地名命名的鸡尾酒

1. 曼哈顿（Manhattan）

该酒名源自美国纽约哈德逊河上的曼哈顿岛。有的人以苏格兰威士忌代替黑麦威士忌来调制曼哈顿，并将曼哈顿更名位“苏格兰曼哈顿”；但更多的人则称其为“罗伯・罗伊”（Rob Roy，又译为“强盗罗伊”）。这是因为出产苏格兰威士忌的苏格兰地区是传奇式人物鲁滨逊的出生地，“罗伯・罗伊”即为他的别名。

2. 病房八号（Room NO.8）

据说，有一位长期住某院八号病房的病人，每天送药护士将掺加柠檬汁的威士忌准时送给他喝。医院的工作人员好奇地品尝了这杯中之物，感到很可口。于是，这种酒就传开了。而在介绍这种无名酒时，人们就自然地称其为“病房八号”了。

3. 新加坡司令（Singapore Slings）

新加坡司令是以烈性酒如金酒等为酒基，加入利口酒、果汁等调制，并兑以苏打水混合而成，这类饮料酒精含量较少，清凉爽口，很适宜在热带地区或夏季饮用。

它诞生在新加坡波拉普鲁饭店。口感清爽的金酒配上热情的樱桃白兰地，喝起来口味更加舒畅。夏日午后，这种酒能使人疲劳顿消。英国的塞麦塞特・毛姆将新加坡司令的诞生地波拉普鲁饭店评为“充满异国情调的东洋神秘之地”。波拉普鲁饭店所调的“新加坡司令”用了10种以上的水果装饰，看起来非常赏心悦目。

4. 纽约（New York）

本款鸡尾酒表现了纽约的城市色彩，体现了五光十色的夜景、喷薄欲出的朝阳或落日余晖等。这种鸡尾酒的色泽漂亮与否，全看调酒师的调酒功力，石榴糖浆的分量不能超过配方上的二分之一。此外，还有一个步骤是制柳橙皮汁。做法很简单，把削成拇指大小的柳橙皮放在酒杯边沿扭绞，将皮内的香味与苦味滴入酒中，使其色、香、味俱佳。

5. 迈阿密海滩（Miami Beach）

酒以地名，反映了迈阿密海滩的热带风情：阳光、沙滩、美女、棕榈树等。

6. 加州柠檬汁（California Lemonade）

这是一种以苏打水调制的琥珀色鸡尾酒。它喝起来口感舒畅，最适合在空气干燥的加州饮用。

（三）以公司的名称命名的鸡尾酒

例如，有一款鸡尾酒的名字叫“百加得”，是因为“百加得公司（Bacardi）”经常赞助举办国际性的调酒大赛而得名，也是其中一次大赛中的比赛作品。

三、与鸡尾酒的色、香、味、型等相关命名

（一）与鸡尾酒的色相关命名

以颜色命名的鸡尾酒占鸡尾酒的大部分，它们基本上是以伏特加、金酒、朗姆酒等无色烈性酒为酒基，加上各种颜色的利口酒和各色辅料成分调制成形形色色、色彩斑斓的鸡尾酒品。

1. 金色

金色来自带茴香和香草味的加里安诺酒、蛋黄及橙汁等。如金色梦想（Golden Dream）、金色凯迪拉克（Gold Cadillac）等。

2. 红色

来自石榴糖浆、樱桃或草莓白兰地等。如红粉佳人（Pink Lady）、特基拉日出（Tequila Sunrise）等。

3. 绿色

来自薄荷酒等。薄荷酒有透明色、绿色、红色之分。用绿色薄荷酒可调制青草蜢（Green Grass Hopper）等。

4. 褐色

来自由可可豆及香草制成的可可酒等。如天使之吻（Angel's Kiss）等。

5. 蓝色

来自呈宝石蓝的蓝色柑橘酒等。如蓝天使（Blue Angel）、蓝色夏威夷（Blue Hawaii）、蓝魔（Blue Devil）等。

6. 黑色

来自名种咖啡酒。其中最常用的是一种名为卡鲁瓦的墨西哥咖啡酒。该酒呈很浓的咖啡味、黑如墨、味极甜，可用以调制黑杰克（Black Jack）、黑俄罗斯（Black Russian）等鸡尾酒。

（二）与鸡尾酒的香相关命名

鸡尾酒的名称以其主要香味命名。如桂花飘香（Sweet-scented Osmanthus's Fragrance）、翠竹飘香（Aroma of Bamboo）等。

（三）与鸡尾酒的味相关命名

鸡尾酒的名称以味道命名。如酸味金酒（Gin Sour）、威士忌酸酒（Whisky Sour）等。

（四）与鸡尾酒的型相关命名

与鸡尾酒的型相关命名酒有马颈酒（Horse Neck）等。在欧美各地，每年秋收一结束就举行庆祝活动。19世纪时，在这种庆祝中人们喝的就是装饰着像马脖子一样形状的长长莱姆皮的鸡尾酒，故名。另一种说法是美国总统西奥多·罗斯福狩猎时骑在马上，喜欢一边抚摸着马脖子一边品着这款鸡尾酒，“马颈酒”的名称就由此而来。

四、其他命名方式

上述四种命名方式是鸡尾酒中较为常见的命名方式，除了这些方式外，还有很多其他命名方法。

（一）以花草、植物来命名鸡尾酒

如白色百合花（White Lily）、郁金香（Tulip）、紫罗兰（Violet）、黑玫瑰（Black Rose）、雏菊（Daisy）、香蕉芒果（Banana & Mango）、樱花（Sakura）等。

（二）以历史故事、典故来命名鸡尾酒

如血腥玛丽（Bloody Mary）、咸狗（Salt Dog）、太阳谷（Sun Valley）、掘金者（Gold Digger）等，每款鸡尾酒都有一段美丽的故事或传说。

（三）以历史名人来命名鸡尾酒

如哥伦比亚（Colombian）、亚历山大（Alexander）、丘吉尔（Churchill）、牛顿（Newton）、伊丽莎白女王（Queen Elizabeth）、丘比特（Cupid）、拿破仑（Napoleon）、毕加索（Picasso）等，将这些世人皆知的著名人物与酒紧紧联系在一起，使人时刻缅怀他们。

（四）以军事事件或人来命名鸡尾酒

如海军上尉（Navy Captain）、自由古巴军（Cuba Liberation Army）、深水炸弹（Deep Bomb）等。

第四节　鸡尾酒的基本组成

鸡尾酒是一种以酿造酒、蒸馏酒和配制酒为基酒，再配以果汁、汽水、矿泉水等辅助成分及其他装饰材料调制而成的色、香、味、型俱佳的艺术酒品。具体地说，鸡尾酒是用基本成分（基酒），加上调色、调味、调香等辅助成分（辅料），按一定分量配制而成的一种混合饮品。

对于鸡尾酒的成分内涵，美国韦氏词典是这样注释的：鸡尾酒是一种量少而冰镇的酒。它是以朗姆酒、威士忌、伏特加或其他烈酒、葡萄酒为基酒，再配以其他

辅料，如果汁、蛋清、牛奶、糖等，以搅拌或摇晃法调制而成的，最后再饰以柠檬片或薄荷叶。

由上可知，鸡尾酒基本是由基酒、辅料和装饰物三个部分组成的。

一、基酒

基酒也称酒基，又称为鸡尾酒的酒底，构成鸡尾酒的主体，决定了鸡尾酒的酒品风格和特色。常用作鸡尾酒的基酒主要包括各类烈性酒，如金酒、白兰地酒、伏特加酒、威士忌酒、朗姆酒、特基拉酒、中国白酒等；葡萄酒、葡萄汽酒等酿造酒以及配制酒等也可作为鸡尾酒的基酒。目前流行的无酒精鸡尾酒则以软饮料调制而成。

可以作为基酒的酒品品牌繁多，风格各异。为了控制成本和制定调酒质量标准，酒店、酒吧通常固定使用一些质量较好、品牌流行、价格便宜、易于购买的酒品作为鸡尾酒的基酒，并把它们称之为“酒店特备”和“酒吧特备”（House Pouring），例如，“House Liquor”“House Wine”基酒以盎司为单位，拆零标卖。基酒在配方中的分量比例有各种表示方法，国际调酒师协会统一以份（part）为单位，一份为40mL。在鸡尾酒的出版物及实际操作中通常以毫升、量杯（盎司）为单位。

二、辅料

辅料是鸡尾酒调缓料和调味、调香、调色料的总称。它们能与基酒充分混合，降低基酒的酒精含量，缓冲基酒强烈的刺激感。其中调香、调色材料使鸡尾酒具备一定的色、香、味。

三、装饰物

鸡尾酒的杯饰等装饰物是鸡尾酒的重要组成部分。装饰物的巧妙运用，有着画龙点睛般的效果，使一杯平淡单调的鸡尾酒旋即鲜活生动起来，洋溢着生活的情趣和艺术。一杯经过精心装饰的鸡尾酒不仅能捕捉自然生机于杯盏之间，而且也可成为鸡尾酒典型的标志与象征。

对于经典的鸡尾酒，其装饰物的构成和制作方法是约定俗成的，应保持原貌，不得随意篡改，而对创新的鸡尾酒，装饰物的修饰和雕琢则不受限制，调酒师可充分发挥想象力和创造力。但是，对于不需作装饰的鸡尾酒品，加以赘饰则是画蛇添足，反而会破坏鸡尾酒的意境。

第二章 基酒知识

一般来说，除了个别无酒精鸡尾酒特例以外，大多数鸡尾酒都是含有部分酒精的饮品，它们的风味是由鸡尾酒的基酒来决定的。假如在同一款鸡尾酒中使用2～3种基酒，则可以将用量较多者称主酒，即基酒，其余的为副酒。

基酒可分为蒸馏酒、酿造酒和配制酒三大类。例如蒸馏酒有国外的白兰地、金酒、威士忌、伏特加、朗姆酒、特基拉酒等；国内的则以白酒酿造工艺的区别划分为清香型、酱香型、浓香型、兼香型、米香型等品种。酿造酒有葡萄酒、啤酒、黄酒、日本清酒及果酒等。配制酒有各种开胃酒类（Aperitifs）、甜食酒类（Dessert Wines）和利口酒类（Liqueurs）。利用这些不同风味的基酒可分门别类地派生出数以千计的各种鸡尾酒配方。

第一节　酿造酒

酿造酒（Fermented Alcoholic Drink）是在原材料（谷物、水果等）中加入酵母或催化剂，经过发酵后产生乙醇而制成的酒类。

在酿酒过程中，淀粉吸水膨胀，加热糊化，在淀粉酶的作用下分解为低分子的单糖。单糖在脱羧酶、脱氢酶的催化下分解，逐渐分解形成二氧化碳和酒精。以淀粉为原料酿酒，需经过两个主要过程，一是淀粉糖化过程，另外还要经过酒精发酵过程。

在发酵过程中，酵母或催化剂使糖分转化为酒精（乙醇），同时，天然水果表皮上也带有酶和菌类，在某些自然条件下也能产生发酵而形成酒精。但酿造酒制成后的酒精含量不超过15%。其主要由原材料中含糖量的多少决定。一般情况下，在发酵过程中，当酒液中的酒精含量达到13%～15%时，会使酵母停止活动，发酵过程也相应停止。还有一种情况是，由于酿酒的原材料含糖分很少，当这些糖分完全分解成酒精时，发酵也就自然停止。

酿造酒是最自然的造酒方式，主要酿酒原材料是谷物和水果，其最大特点是原汁原味，酒精含量低，属于低度酒，对人体的刺激性小，例如，用谷物酿造的啤酒一般酒精含量为3%～8%，果类的葡萄酒酒精含量为8%～14%。酿造酒中含有丰富的营养成分，适量饮用有益于身体健康。酿造酒主要包括葡萄酒、啤酒、黄酒、日本清酒及果酒等。

一、葡萄酒

葡萄酒是以新鲜成熟的葡萄或葡萄汁经酵母发酵酿制而成的酿造原酒。

（一）葡萄酒的分类

1. 按色泽分类

（1）红葡萄酒（Red Wine） 红葡萄酒又称红餐酒或红酒。它是用红色或紫色葡萄为原材料，将果皮、果肉与果汁混合在一起进行发酵，使果皮、果肉中的色素浸出，然后再将发酵的酒与原材料过滤分离。该酒液呈紫红、深红宝石色、褐红色，酒体丰满醇厚，略带涩味，适合与颜色深、口味浓重的菜肴配饮。

（2）白葡萄酒（White Wine） 白葡萄酒又称白餐酒或白酒。它是用白葡萄、紫葡萄或黑葡萄作为酿酒原材料，去除皮、梗、种子后压榨取汁，单独发酵酿制而成的。酒的颜色呈白色、浅黄色或金黄色，外观清澈透明，果香芬芳，幽雅细腻，微酸，爽口。常与鱼虾、海鲜等水产品菜肴配饮。

（3）玫瑰红葡萄酒（Rose Wine） 玫瑰红葡萄酒又称桃红葡萄酒。它有两种制作方法：一是将紫葡萄带皮发酵，中期去皮；二是将白、紫葡萄共同带皮发酵。酒色呈淡玫瑰红色或桃红色，晶莹悦目。它既有白葡萄酒的芳香，又有红葡萄酒的和谐丰满，可以在宴席间与各种菜肴配饮。

2. 按含糖量分类

（1）干葡萄酒（Dry Wine或Sec Wine） 酒中总糖含量（以葡萄糖计）在4g/L以下，一般尝不出甜味。为无甜味的酸型酒。

（2）半干葡萄酒（Semi Dry或Medium Dry Wine，Demi-Sec Wine） 酒中总糖含量为4.1～12.0g/L，品尝时能辨别出微弱的甜味，酸味不大明显。

（3）半甜葡萄酒（Semi Sweet或Medium Sweet Wine，Demi Doux Wine） 酒中总糖含量为12.0～45.0g/L，品尝时有明显的甜味。

（4）甜葡萄酒（Sweet Wine或Doux Wine） 酒中总含糖量在45.0g/L以上。甜味明显，无酸味感。

3. 按是否含二氧化碳分类

（1）静止葡萄酒（Still Wine） 酒内溶解的二氧化碳含量极少，故又称为平静葡萄酒，在20℃时，瓶内气压≤0.05MPa，开瓶后不产生泡沫。

（2）起泡沫葡萄酒（Sparking Wine） 此酒由葡萄原酒加糖进行密闭二次发酵产生二氧化碳而成，在20℃时，瓶内压力≥0.35MPa，开瓶后会发生泡沫或泡珠，香槟酒就是其典型代表。

（3）加气起泡葡萄酒 酒中的二氧化碳由人工压入，在20℃时，瓶内压力为0.051～0.25MPa，开瓶后同样会产生泡沫。

4. 按酿造方法分类

（1）天然葡萄酒（Natural Wine） 它是指完全用葡萄原汁发酵而不外加糖或酒精的葡萄酒。

（2）强化葡萄酒（Fortified Wine） 亦称加强葡萄酒，指在葡萄酒发酵之前或发酵中加入部分白兰地或酒精，以提高酒度并抑制发酵，留下一定程度的自然糖分，这种酒不易变质。其中雪莉（Sherry）酒、波特（Port）酒、马德拉（Madeira）酒、马尔萨拉（Marsala）酒是典型的代表。

（3）加香葡萄酒（Aromatized Wine） 此酒是将葡萄酒中加入果汁、药草、甜味剂等制成，有的还加入酒精或砂糖，味美思（Vermouth）属此类酒品。

5. 按饮用时间及用途分类

（1）餐前葡萄酒 餐前饮用的葡萄酒，也称开胃酒。如味美思（Vermouth）、马天尼（Martini）、仙山露（Cinzano）、干雪莉酒（Dry Sherry）等。

（2）佐餐葡萄酒 此酒是在用餐时饮用的葡萄酒。通常由一般葡萄酿制而成。

（3）餐后葡萄酒 此酒是餐后葡萄酒，其酒度和甜度均较高，一般与甜点心一起食用。

6. 按照不同时间及条件下采摘葡萄作为酿造原料分类

（1）常规葡萄酒 常规葡萄酒是在葡萄自然成熟的条件下采摘，作为酿造原料，发酵制成的酒。大部分葡萄酒都属于此类。

（2）冰酒 冰酒（英语Ice Wine，德语Eiswein）顾名思义就是冰葡萄酒的意思。冰酒在不同的国家有不同的定义。一般说来，冰酒指的是用采摘时已经冻硬的葡萄酿造的甜白葡萄酒。但在正宗冰酒产地加拿大和德国，冰酒的定义强调的是自然冰冻。《中国葡萄酿酒技术规范》中对冰葡萄酒的定义是：将葡萄推迟采收，当气温低于−7℃以下，使葡萄在树枝上保持一定时间，结冰，然后采收、压榨，用此葡萄汁酿成的酒。

冰酒颜色呈金黄色或深琥珀色，口感非常好，并有杏仁、桃、芒果、密瓜或其他甜水果的风味。冰酒闻起来还往往有干果的味道。经过二百多年的发展，冰酒已经成为酒中极品，且真正的冰酒只有在德国、奥地利和加拿大才有生产。加拿大安大略省的尼亚加拉地区是目前世界上最著名的冰酒产区。

（二）葡萄酒的酿造工艺

葡萄酒的酿造主要包括以下工序：选料、加工、发酵、澄清陈酿、勾兑、装瓶等。

1. 选料

采摘葡萄的时间应选择每年的八月中旬至十月底这段时间，此时葡萄趋于成熟，葡萄汁中糖、酸含量达到最佳比例。

2. 加工

葡萄采摘后，为防止果梗参与发酵，一定要用脱梗机去梗，否则将会增加酒液中的苦涩味或青梗气味，影响葡萄酒的风味，酿造白葡萄酒的葡萄要先送入压榨机中榨汁，然后再送入发酵槽发酵；酿造红葡萄酒的葡萄要先送入发酵槽中发酵，然后再送入压榨机中榨汁。

3. 发酵

发酵时往往要加入二氧化硫，二氧化硫对许多腐败葡萄的杂菌有很强的抑制作用，而不抑制葡萄酒酵母的生长和代谢。

4. 澄清陈酿

澄清酒液后进行陈酿。一般认为酒在橡木桶中主要发生下列变化：①吸收木桶香味、颜色、醇味。②氧气渗入使酒质趋于柔和。③有机质彼此反应，使酒液趋向成熟。一般葡萄酒只陈酿12～18个月。

5. 勾兑

酒液勾兑。

6. 装瓶

也称入樽。

（三）世界著名葡萄酒

1. 法国葡萄酒

法国是世界上最大的葡萄酒生产国之一，年产量约占世界葡萄酒产量的1/4。

（1）波尔多（Bordeaux） 人们将波尔多葡萄酒比喻为“酒中之后”，因为它具有女性的柔顺芳醇。风靡世界的名牌葡萄酒中，有1/4产自波尔多。其中北区的麦刀克（Medoc）、圣·爱米勇（St. Emillon）和葆莫罗尔（Pomerol）都生产著名的红酒；南区的格拉夫斯（Graves）则生产白酒和红酒，苏太尼（Sauternes）和巴萨克（Barsac）则以生产甜白葡萄酒著称。著名品牌有Chateau Lafite-Rothschild、Chateau Margaux、Chateau Latour、Chateau Mouton-Rothschild等。

（2）勃艮第（Burgundy） 人们将勃艮第葡萄酒喻为“酒中之王”，因其具有男子汉的粗犷阳刚之气。勃艮第主要生产红、白葡萄酒，以红葡萄酒更为出名，勃艮第酒区的葡萄酒又可分为三大产区，其所产葡萄酒均以所在地的地名命名。著名品牌有Cote D’or、Burgundy Sud、Chablis等。

（3）香槟区（Champagne） 香槟酒是葡萄汽酒的最典型代表。常用于庆祝佳节的必用酒，是世界上最富魅力的葡萄酒，被称为“葡萄酒之王”。香槟酒起源于法国的香槟地区，是由一位名叫唐·佩里尼翁（Dom Perignon）的黑衣教士首先发明的。

香槟酒以色泽不同分为白葡萄香槟和玫瑰红葡萄香槟。根据含糖量的不同，香槟酒分为一下几种类型：原型或称特干型（Brut，含糖量不超过12g/L）、极干型（Extra Sec，含糖量为12～20g/L，略带甜味）、干型（Sec，含糖量为20～40g/L，较甜）、半干型（Demi-Sec，含糖量为40～60g/L）、甜型（Doux，含糖量为80～100g/L）。一般来说，售价与含糖量成反比，即含糖量越低，价格越高。著名品牌有玛姆（Mumm）香槟，此酒被公认为世界上最佳的香槟酒，这种香槟诞生于1827年香槟地区的玛姆酒厂，素有“王室香槟”的雅称，为皇室贵族所喜爱。

2. 德国葡萄酒

德国葡萄酒主要产于莱茵河（Rhine）和摩泽尔河（Mosell）两岸。德国的葡萄酒有80%为白葡萄酒，且以干型为主。德国的白葡萄酒因糖酸度控制恰当，故品质极佳。

德国葡萄酒主要分为四个等级，即佐餐葡萄酒（Table Wine）、乡土葡萄酒（Land Wine）、特定地区优质佳酿葡萄酒（QBA）和带头衔的优质佳酿葡萄酒（QMP）。各等级均在酒标上标出，而且名副其实，显示出德国葡萄酒在质量管理上的严格性。

德国葡萄酒著名品牌有来自莱茵酒区（Rhine）的Johannisberger、Niesteiner、Deidesheimer等；来自摩泽尔酒区（Mosel）的Braunberger、Benkasteler Doktor等。

3. 意大利葡萄酒

意大利葡萄酒犹如意大利民族，风格开朗明快，感情热烈丰富。其名牌产品有Chinati（最好的干蒂酒产自Chinati Classico地区，瓶颈上有黑公鸡的标志）、Barolo、Barbaresco等。

4. 澳大利亚葡萄酒

澳大利亚因葡萄园气候温暖干燥，故葡萄糖分高而酸度较低，制成的葡萄酒酒精含量较高，缺乏充满活力和长寿的酸度，口味平淡。但当今的消费者较喜欢低酸度葡萄酒，在该国某些较冷的地区所产的葡萄酒酒体较轻，糖度与酸度也很匀称。

其名牌产品有Hard's Cabernet Shiraz 750mL红葡萄酒，口感柔绵。Hard's Chardonnay 750mL白葡萄酒，口味清淡，在酒标上印有澳洲鸟的图案。

Hard's Collection Cabernet Sauvignon 750mL红葡萄酒，圆润可口。Hard's Collection Chardonnay 750mL白葡萄酒，平和中略带甜味。酒标上印有澳大利亚自然风光的图案。

5. 西班牙葡萄酒

西班牙是全世界葡萄种植面积最大的国家，葡萄酒产量也仅次于法国和意大利，居世界第3位。西班牙葡萄酒的等级有DOC（Denominacion de Origen Calificada）、国家名酒DO（Denominacion de Origen）、国家优质酒VDM（Vino de Mesa）、普通佐餐葡萄酒。其名牌产品有Carta de Oro、Siglo、Siglo Reserva、Marques del Romeral、Carlos Serrse等

6. 中国葡萄酒

在中国北纬25°～45°广阔的地域里，分布着各具特色的葡萄酒产地。

（1）主要酿酒葡萄的出产地

① 东北产地　包括北纬45° 以南的长白山麓和东北平原。这里冬季严寒，温度−40～−30℃，年活动积温2567～2779℃，降水量635～679mm，土壤为黑钙土，较肥沃。在冬季寒冷条件下，欧洲种葡萄不能生存，而野生的山葡萄因抗寒力极强，已成为这里栽培的主要品种。

② 渤海湾产地　包括华北北半部的昌黎、蓟县丘陵山地、天津滨海区、山东半岛北部丘陵和大泽山。这里由于近渤海湾，受海洋的影响，热量丰富，雨量充沛，年活动积温3756～4174℃，年降水量560～670mm，土壤类型复杂，有砂壤、海滨盐碱土和棕壤。优越的自然条件使这里成为我国最著名的酿酒葡萄产地，其中昌黎的赤霞珠、天津滨海区的玫瑰香、山东半岛的霞多丽、贵人香、赤霞珠、品丽珠、蛇龙珠、梅鹿辄、佳丽酿、白玉霓等葡萄品种都在国内负有盛名。渤海湾产地是我国目前酿酒葡萄种植面积最大，品种最优良的产地。葡萄酒的产量占全国总产量的1/2。

③ 沙城产地　包括宣化、涿鹿、怀来等地，这里地处长城以北，光照充足，热量适中。昼夜温差大，夏季凉爽，气候干燥，雨量偏少，年活动积温3532℃，年降水量413mm，土壤为褐土，质地偏沙，多丘陵山地，十分适于葡萄的生长，中国长城葡萄酒有限公司即位于此。中国的怀来、法国的波尔多、美国的加州并称世界葡萄种植三大黄金地带。沙城地区生产的葡萄被郭沫若先生誉为“东方明珠”，成为国宴佳品；沙城产区被称为“中国的波尔多”，成为“我国最著名的鲜食葡萄产区和优质葡萄酒生产基地之一”。现已形成15万亩的优质葡萄基地，种植着80多种国际名种酿酒葡萄和鲜食葡萄，龙眼和牛奶葡萄是这里的特产，近年来已引进了赤霞珠、梅鹿辄等世界酿酒名种。

④ 清徐产地　包括汾阳、榆次和清徐的晋西北山区，这里气候温凉，光照充足，年活动积温3000～3500℃，降水量445mm，土壤为壤土、砂壤土，含砾石。葡萄栽培在山区，着色极深。清徐的龙眼是当地的特产，近年来赤霞珠、梅鹿辄也开始用于酿酒。

⑤ 银川产地　包括沿贺兰山东麓广阔的冲积平原，这里天气干旱，昼夜温差大，年活动积温3298～3351℃，年降水量180～200mm，土壤为沙壤土，含砾石，土层30～100mm。这里是西北新开发的最大的酿酒葡萄基地，主栽世界酿酒品种赤霞珠、梅鹿辄。

⑥ 武威产地　包括武威、民勤、古浪、张掖等位于腾格里大沙漠边缘的县市，也是中国丝绸之路上的一个新兴葡萄酒产地。这里气候冷凉干燥，年活动积温2800～3000℃，年降水量110mm，由于热量不足，冬季寒冷，适于早中熟葡萄品种的生长，近年来已发展梅鹿辄、黑比诺、霞多丽等品种。

⑦ 吐鲁番产地　包括低于海平面300m的吐鲁番盆地的鄯善、红柳河，这里四面环山，热风频繁，夏季温度极高，达45℃以上，年活动积温5319℃；雨量稀少，全年仅有16.4mm。这里是我国无核白葡萄生产和制干基地。十几年前，著名葡萄酒

专家郭其昌在这里试种了赤霞珠、梅鹿辄、歌海娜、西拉、柔丁香等酿酒葡萄。虽然葡萄糖度高，但酸度低，香味不足，干酒品质欠佳，而生产的甜葡萄酒具有西域特色，品质尚好。

⑧ 黄河故道产地　包括黄河故道的安徽萧县、河南兰考和民权等县，这里气候偏热，年活动积温4000 ～ 4590℃。年降水量800mm以上，并集中在夏季，因此葡萄旺长，病害严重，品质降低。近年来一些葡萄酒厂新开发的酿酒基地，通过引进赤霞珠等晚熟品种，改进栽培技术，基本控制了病害的流行，葡萄品质有望获得改善。

⑨ 云南高原产地　包括云南高原海拔1500m的弥勒、东川、永仁和川滇交界处金沙江畔的攀枝花，土壤多为红壤和棕壤。这里的气候特点是光照充足，热量丰富，降水适时，在上年的10 ～ 11月至第二年的6月有一个明显的旱季，降水量为329mm（云南弥勒）和100mm（四川攀枝花）适合酿酒葡萄的生长和成熟。利用旱季这一独特小气候的自然优势栽培欧亚种葡萄已成为西南葡萄栽培的一大特色。

（2）中国葡萄酒著名品牌（部分）

烟台红葡萄酒：酒度16%，糖分12%，总酸0.6% ～ 0.7%。品质特点：色鲜艳如红宝石，透明似晶体，果香明显，酒香浓郁，口味醇厚，甜酸适口，微涩，风味独特。

中国红葡萄酒：酒度16%，糖分12%，总酸0.65%。品质特点：红棕色，透明，有明显的果香和浓厚的酒香，饮时味醇和，浓郁，微涩，酒香持久，协调。

沙城白葡萄酒：酒度16%。品质特点：色淡黄微绿，清亮有光，果香悦人，美如鲜果，酒香浓醇，滋味柔和，爽而不涩。

民权白葡萄酒：酒度12%，糖分10%，总酸0.6%。品质特点：色黄明亮，葡萄的果香和醇香协调，酸甜适度，柔和爽适，酒质细腻，回味绵长。

北京干白葡萄酒：酒度12%，糖分0.5%，总酸0.65% ～ 0.75%。品质特点：酒液呈麦秆黄色，清澈透明，有明显的葡萄果香，味微酸微涩，醇和，回味长久。

北京干红葡萄酒：酒度11% ～ 13%，糖分1%，总酸0.5% ～ 0.7%。品质特点：棕红色，澄清透明，水果酯香突出，具有红葡萄酒的典型酒香。味微酸微涩，协调柔和，爽口。

北京白葡萄酒：酒度12%，糖分2%，总酸0.65%。品质特点：淡黄微绿，清凉，果香悦人，酒香醇美，口味柔和，细腻，软润，爽口，顺喉。

青岛白葡萄酒：酒度13%，糖分12%，总酸0.6% ～ 0.7%。品质特点：淡黄色，清凉透明，清香幽郁，甜酸适口，余香清晰，回味绵延。

（四）葡萄酒的饮用

1. 葡萄酒杯

通常情况下，葡萄酒杯都是带脚的高脚杯，它有不少优点。首先，高脚杯便于拿用而不使手指被酒液玷污；第二，高脚杯可以减少因手温较高而对杯中葡萄酒温度的影响；第三，高脚杯便于对酒的风格进行品评；第四，高脚杯给人以典雅优美的观感。

葡萄酒杯应该晶莹透亮，杯体厚实。高档葡萄酒杯要求没有花纹和颜色，因为这些会影响饮酒者充分领略葡萄酒迷人的色彩。此外，酒杯应绝对清洁、无破损，否则会给人留下不好的印象。

通常，红葡萄酒杯开口较大，这样可以使红葡萄酒在杯中充分展示其芳香。白葡萄酒杯开口较小，为的是保持葡萄酒香味。香槟酒或葡萄汽酒应该用笛形或郁金香形的杯具，这样可以很好地保持酒中的气泡。浅碟形香槟杯并不是香槟酒理想的酒具，因为它会使酒液中的二氧化碳气体迅速挥发，而在杯中留下平淡无味的酒液。

2. 饮用温度

红葡萄酒：在16～18℃，即室温饮用，一般提前1h开瓶，让酒与空气接触一下，称为“呼吸”，可以增加酒香与醇味。

白葡萄酒：在10～12℃，即冷却后饮用，特别清新怡神。

玫瑰红葡萄酒：在12～14℃，即稍微冷却一下饮用。

冰酒：通常都作为甜酒，先冷冻几小时后再饮用。

香槟汽酒：需冷却到较低的温度饮用，一般在4～8℃，并且在2h内保持不动，才适宜开瓶。

由于酒的类型、品种、酒龄及饮用者的不同，其最佳饮用温度也各异。原则上即使是同类型的酒，酒龄短的饮用温度应相对低些；浓、甜型的酒饮用温度应比淡、干型的酒低些。

（五）葡萄酒的服务

1. 递酒单

将葡萄酒单翻至第一页，双手递上。通常是先女士后男士；先主人后客人。

2. 接点单

介绍各种葡萄酒的特点，回答客人提出的问题，双手接点单。

3. 验酒

在酒吧中，客人常点用整瓶葡萄酒。凡是客人点用的酒，在开启之前都应让客人过目。

4. 开瓶

在酒店中，待客人根据酒单选取葡萄酒后，侍酒员应先用白棉布巾将酒瓶托好，酒的标签向外，请主宾确认后再开瓶。

（1）葡萄酒开瓶法　在饮用前一小时，应将酒瓶斜置，使微渣沉于瓶底。红葡萄酒应在饮用前半小时开瓶，以营造酒香四溢的良好氛围。开瓶时应避免振荡。优质高档的葡萄酒，一般都用软木塞做瓶塞。在瓶塞外部套有热缩胶帽。开瓶时，应用小刀在接近瓶颈顶部的下陷处，将胶帽的顶盖划开除去，再用干净的细丝棉布擦除瓶口和木塞顶部的脏物，最后用开瓶器将木塞拉出。但是，在向木塞中钻进时，应注意不能过深或过浅，过深会将木塞钻透，使木塞屑进入葡萄酒中，如果过浅则启瓶时可能将木塞拉断。启塞后同样应用棉布从里向外将瓶口部的残屑擦掉。

（2）香槟酒开瓶法　香槟酒饮用前，需放在冰箱内冷藏45min。如果时间紧迫，可放入冷冻室15min。冰镇香槟酒的好处有两个：一是斟酒时可以减少二氧化碳溢出；二是可改善酒的口味。香槟酒必须干燥，即“酒要冷、杯不冷”，且不要在杯中加冰块。开瓶后瓶内的酒最好一次喝完，如想留下来，要用特制的瓶塞盖好，并放在冰柜或阴凉的地方储存。

（3）斟酒　开瓶后，将最上面的葡萄酒倒出少许。然后在主宾的酒杯中倒1/3杯酒，并将开启后的软木塞给主宾验证，待主宾品尝认为可以后，再为其他客人倒酒。

自主人左侧顺序斟酒，先客人后主人，先女宾后男宾。在往酒杯里倒酒时，不能倒得太满，倒酒量应为酒杯容积的1/3，最多不能超过2/5，即在标准品尝杯中倒70～80mL。这样在摇动酒杯时才不至于将酒洒出，而且可在酒杯的空余部分充满葡萄酒的香气物质，便于分析鉴赏其香气。斟酒时手应牢牢地握住酒瓶下部，不能握住瓶颈不放；给顾客添酒时，应先征询对方的意见；倒完酒后，应转一下酒瓶，使瓶口的最后一滴酒滴入杯中。

对一些在瓶内陈酿时较长的葡萄酒，可能会在瓶底有少量沉淀物，这是正常现象。在这种情况下，开瓶后应将酒直立静置，使沉淀物下沉到瓶底；在倒酒时，应尽量避免晃动，以免将沉淀物倒入酒杯中。

香槟酒开瓶后应迅速斟酒。最好采用捧斟法，即用左手握住瓶颈下部，右手握住瓶底。

（六）葡萄酒的质量鉴别

1. 色泽

红葡萄酒的酒液应为紫红色，白葡萄酒的酒液应呈淡黄色。液体透明，不浑浊。

2. 香气

除具有一般果香外，还伴有浓郁的醇香味。

3. 滋味

酸甜适口，醇厚，无酒精味。如果出现浑浊、苦涩、絮状沉淀，味道怪异（如汽油、奶酪等怪味），淡而无味、白葡萄酒的颜色变深等现象，均属变质酒。

（七）葡萄酒的储存与保管

应存放在阴凉处，须远离厨房、供暖气的锅炉房，不使温度忽高忽低，最好保持在10～13℃恒温条件下。温度过低，会使葡萄酒的成熟过程停止；温度太高，又会使葡萄酒加快成熟速度，缩短酒的寿命。

酒窖须保持一定的湿度，以免酒瓶的软木塞干缩，空气进入瓶内而使酒质变坏；

所以，在酒窖中存放，最好将酒瓶平放或倒立，以使酒液浸润软木塞，防止干缩。

避免强光照射，尤其是阳光直射，会改变白葡萄酒的色泽。另外，储存葡萄酒的酒窖使用灯泡照明，不用时关闭。

避免与任何有刺激性的食物（如油漆、汽油、醋、蔬菜等）一起存放，防止吸收其不良气味，影响葡萄酒的品质。

瓶装酒与桶装酒应分开存放。

避免振动，防止酒液浑浊，损坏酒的质量。

二、啤酒

啤酒是以麦芽为主要原料，以大米、玉米、酒花等为辅料，经酵母发酵为含二氧化碳而起泡沫的低酒精含量的酿造酒，素有“液体面包”的美称。

啤酒的酒精含量是按质量计的，通常不超过2%～5%。啤酒度不是指酒精含量，而是指酒液原汁中麦芽汁浓度的百分比。例如青岛啤酒是12°，意思是指原汁麦芽汁的浓度为12%，但其常规酒精浓度为3.5%左右。目前，这种标度方法仅见于中国啤酒。

（一）啤酒的起源

啤酒是历史最悠久的谷类酿造酒。啤酒起源于9000年前的中东和古埃及地区，后传入欧洲，19世纪末传入亚洲。

（二）啤酒的分类

1. 按颜色分

（1）淡色啤酒　俗称黄啤酒，根据颜色深浅不同，又可分为三类：第一类是淡黄色啤酒，酒液淡黄，香气突出，清亮透明；第二类是金黄色啤酒，酒液金黄，口味优雅；第三类是棕黄色啤酒，酒液褐黄，稍带焦香。

（2）浓色啤酒　色泽呈棕红或红褐色，原料为特殊麦芽，口味醇厚，苦味较小。

（3）黑色啤酒　酒液呈深棕红色，大多数红里透黑，故称黑色啤酒。

2. 按原麦汁浓度分

（1）低浓度啤酒　原麦汁浓度7%～8%，酒精含量为2%左右。属于营养型啤酒，适合作为夏天清爽饮料。

（2）中浓度啤酒　原麦汁浓度11%～12%，酒精含量为3.1%～3.8%。我国大多数啤酒属于此种。

（3）高浓度啤酒　原麦汁浓度14%～20%，酒精含量为4.9%～5.6%。例如浓色啤酒或黑啤酒，这类啤酒稳定性好，属于高级啤酒。

3. 按产品杀菌与否分

（1）鲜啤酒　又称生啤，是指在生产中未经杀菌或经过瞬间杀菌的啤酒，符合饮用卫生标准。此类啤酒口味鲜美，酒花香味浓，更易于开胃健脾，酒龄为3～7

天，有较高的营养价值，适合于当地现产现销。其高级桶装产品，俗称“扎啤”。“扎啤”是这种啤酒的俗称，这里的“扎”来自英文Jar（广口杯子）的谐音。“扎啤”就是用广口杯子直接从售酒器接饮的一种高档啤酒。这种啤酒在生产线上经瞬间杀菌，全封闭式灌装，在售酒器售酒时充入二氧化碳并快速制冷，使啤酒在各种温度条件下，确保二氧化碳含量及最佳制冷效果，所以喝到嘴里感觉很好。

（2）纯生啤酒　经过无菌过滤和灌装的啤酒。其口味淡爽，口味纯正。酒龄达4个月以上。

（3）熟啤酒　经过杀菌的啤酒，可防止酵母继续发酵和受微生物的影响，酒龄长达6个月以上，稳定性强，适合于远销。

4. 按所使用的啤酒酵母分

（1）上面发酵啤酒　它是以“上面发酵酵母”发酵而成的。如英国的木桶爱尔（Cask Ale）啤酒、司陶特（Stout）黑啤酒等。

（2）下面发酵啤酒　它是以“下面发酵酵母”发酵而成的。如捷克的皮尔森（Pilsen）啤酒、德国的慕尼黑（Munchenal）啤酒和多特蒙德（Dortmunder）啤酒、丹麦的嘉士伯（Carlsberg）啤酒及我国的绝大多数啤酒。

5. 按传统风味分

（1）拉戈啤酒（Lager beer）“Lager”一词起源于德文“Lagem”，原意为储存，用于啤酒术语，是指后酵期长，有“陈酿”之含义，传统的拉戈啤酒后酵期都在3个月左右。后酵期越长，啤酒的风味越完美，体感越强，储存期也越长。拉戈啤酒酒精含量为3%～3.8%。

拉戈啤酒是世界上产量最大的啤酒。我国的啤酒多属于拉戈型。国外著名的拉戈啤酒有皮尔森（Pilsen）啤酒、慕尼黑（Munchenal）啤酒、多特蒙德（Dortmunder）啤酒、博克（Bock）啤酒等。

（2）爱尔（Ale）啤酒　主要品牌有木桶爱尔（Cask Ale）、司陶特（Stout）、波特（Porter）等。

6. 按啤酒的包装容器分

可分为瓶装啤酒、桶装啤酒和罐装啤酒。瓶装啤酒有350mL和640mL两种；罐装啤酒有330mL规格的。

7. 按消费对象分

可将啤酒分为普通型啤酒、无酒精（或低酒精度）啤酒、无糖或低糖啤酒、酸啤酒等。无酒精或低酒精度啤酒适于司机或不会饮酒的人饮用。无糖或低糖啤酒适宜于糖尿病患者饮用。

（三）世界著名啤酒品牌

1. 美国

主要名品有百威（Budweiser）、蓝带（Blue Ribbon）、安德克（Anderker）、布什

（Busch）、米勒（Miller）、库斯（Coors）、幸运（Lucky）、奥林匹亚（Olympia）、雪来兹（Schlitz）等。

2. 德国

主要名品有多特蒙特（Dortmunder）、卢云堡（Lowenbrau）、慕尼黑（Munchenal）、白丽那（Berliner Kindle）、海宁格（Heminger）、赫勒斯坦（Holsten）、贝克斯（Berker's）、比尔戈（Bilger）、太伯（D.A.B）、斯巴登（Spaten）等。

3. 日本

主要名品有朝日（Ashi）、札幌（Sapporo）、麒麟（Kirin）、奥利安（Orion）、三得利（Suntory）等。

4. 新加坡

主要有锚牌（Anchor Beer）、虎牌（Tiger Beer）等。

5. 荷兰

主要有阿姆斯台尔（Amstel）、喜力（Heineken）、巴伐利亚（Bavaria）等。

6. 丹麦

主要有嘉士伯（Carlsberg）等。

7. 中国

主要有青岛啤酒、雪花啤酒、燕京啤酒、哈尔滨啤酒、珠江啤酒等。

（四）啤酒的饮用与服务

酒吧中出售啤酒的方式有瓶装、罐装和桶装。

1. 饮用温度要求

啤酒的最佳饮用温度为8 ～ 11℃，高级啤酒的饮用温度为12℃。

2. 啤酒杯要求

常见的标准啤酒杯有三种形状：第一种是皮尔森杯（Pilsner，杯口大，杯底小呈喇叭形平底杯）；第二种是类似第一种的高脚或矮脚啤酒杯，第三种是带把柄的扎啤（及高级桶装鲜啤酒）杯，酒杯容量大，一般用来服务桶装啤酒。

3. 斟酒技巧

理想的泡沫层对顾客很有吸引力，斟酒时，通常使泡沫缓慢上升并略高于杯子边沿1.3cm左右为宜，泡沫与酒液的最佳比例是1 ∶ 3。如果杯中啤酒少而泡沫太多并溢出，或无泡沫，都会使客人扫兴。

（1）瓶装或罐装啤酒　如采用标准啤酒杯服务，应先将瓶装或罐装啤酒呈递给客人，客人确认后，当着客人的面打开，将酒杯直立，用啤酒瓶或罐来代替杯子的倾斜角度，慢慢把杯子倒满，让泡沫刚好超出杯沿1.3cm左右。

若用直身杯代替啤酒杯时，应先将酒杯微倾，顺杯壁倒入2/3的无泡沫酒液，再将酒杯放正，采用倾注法，使泡沫产生。

（2）桶装啤酒　桶装啤酒斟注时，将酒杯倾斜成45°，打开开关，注入3/4杯酒液后，将酒杯放于一边，待泡沫稍平息，然后再注满酒杯。

衡量啤酒服务操作的标准是，注入杯中的酒液清澈，二氧化碳含量适当，温度适中，泡沫洁白而厚实。

（五）啤酒的质量鉴别

1. 查看生产日期

根据生产日期，判别啤酒新鲜度。啤酒的生产日期标在酒标上，酒标的上边印有1～12个数字，表明月份，左、下、右三边印有1～31个数字，表示日期，通常在表示月、日的数字上剪切一个缺口，表示啤酒灌装日期，也有在酒标上打印日期钢印表示。啤酒以出厂时间短的为好。

2. 观察色泽

啤酒的色泽深浅因品种而异，黄色啤酒颜色为浅黄色，色泽以浅的为好；黑啤酒的色泽应呈深咖啡色。质量好的啤酒应酒液透明，不能有悬浮的颗粒，更不能有沉淀，如果啤酒出现失光现象，说明质量不符合标准，不宜购买。

3. 察看泡沫

啤酒的泡沫对啤酒的质量有特殊的意义，它具有清凉爽口和解暑散热的作用（即所谓“杀口”），所以要求啤酒有丰富的泡沫。好的啤酒泡沫应洁白、细腻、均匀（既不全是大泡也不全是细沫）。优质啤酒在启开瓶盖时，可听到爆破音，接着瓶内应有泡沫升起，刚刚溢出瓶口为好。开瓶泡沫突涌的啤酒不能视为好啤酒。当缓缓注入杯中时，泡沫能迅速升起，酒液上部应有1/3～1/2容量充满泡沫，消失时间为4～5min为佳，且饮用完毕，杯壁应仍挂有花边样泡沫。

4. 嗅闻香气

用鼻子靠近酒杯闻其香气。优质啤酒应有酒花的清香和麦芽焦香。黄啤酒要求酒花清香突出，而黑啤酒还要求有明显的麦芽香。

5. 品评滋味

优质啤酒应味道纯正、新鲜、爽口，苦味柔和，香味突出，回味醇厚，并有爽快、“杀口”感，无酵母味、苦涩味及其他异杂味。

（六）啤酒的储存

1. 保持适宜的储存温度

啤酒储存的适宜温度为4.5～10℃。黄啤酒4.5℃最适宜，其他啤酒8℃较适宜。

2. 避免日光照射

日光照射是诱发啤酒营养物质变化的又一重要因素。

3. 保持正确的储存期限

一般在温度适宜情况下，瓶装鲜啤酒保存期为5～7天；瓶装熟啤酒保存期为60～120天。储存日期应从生产之日算起，而不是从到货之日算起。

4. 合理堆放

瓶装啤酒以堆放5～6层为宜，箱装啤酒要注意堆放平稳，按产品种类、包装规格、出厂日期分类储存，大批量的啤酒垛之间还应留有通道，便于检查盘点。同时，应使酒库保持良好的通风条件。

5. 遵循先进先出的原则

由于啤酒不耐储存，在储存时必须按先进先出的原则进行。

三、黄酒

黄酒是我国的特产，是世界谷物酿造酒中最古老、最具特色的酒类之一，在国内乃至世界酒业中占有重要的位置。

黄酒因其色泽黄亮而得名。在最新的国家标准中，黄酒的定义是，以稻米、黍米、黑米、玉米、小麦等为原料，经过蒸料，拌以麦曲、米曲或酒药，进行糖化和发酵酿制而成的各类低度酿造酒。黄酒的主要成分有糖、糊精、有机酸、氨基酸、酯类、甘油、微量的高级醇和一定数量的维生素等。黄酒风味独特，营养丰富，适应面广，可为佐餐或餐后的高级饮品。

（一）黄酒的分类

1. 按生产地区分

（1）江南黄酒　江南黄酒以绍兴酒为代表，以长江以南为主产区，主要产于浙江省绍兴地区，酒液黄亮有光，香气浓郁，鲜美醇厚。绍兴酒采用糯米或大米为主要原料，引鉴湖之水，加酒药、麦曲、浆水，用摊饭法和发酵及延续压榨煎酒法新工艺酿成。由于原料配比、工艺操作、酿酒时间等方面不同，形成不同风格的绍兴酒。主要品种有加饭酒、元红酒、花雕酒、善酿酒、女儿红等。此外，宁波黄酒、无锡惠泉黄酒、嘉兴黄酒、江阴黑酒、丹阳甜酒等都属于此类。

（2）福建黄酒　福建黄酒以“福建老酒”和“龙岩沉缸酒”为代表，主要产于福州和龙岩两城市，浙江、台湾等地区也生产类似的酒品。福建黄酒是以糯米、大米为主要原料，用红曲和白曲为主要糖化发酵剂酿制而成。其酒液色泽褐红鲜艳，故又称为“红曲酒”；酒质醇厚，余味绵长，酒精含量为15%。

红曲黄酒是以红曲代替麦曲酿制的一种黄酒。品种主要有福建红曲黄酒。此外，浙江温州、金华也生产红曲酒。

（3）北方黄酒　北方黄酒以“即墨老酒”为代表品种。它是用黍米（又称黏黄米或糯小米，含有较高的淀粉和蛋白质）为原料，以天然发酵的块状麦曲为糖化发酵剂酿制而成。该酒色泽黑褐中带紫红，清亮透明，饮时香馥醇和，香甜爽口，有突出的焦糜香，饮后回味悠长，酒精含量为12%。品种主要以山东即墨老酒最有名。此外，东北黄酒也属此类。

2. 按黄酒的含糖量分

（1）干型黄酒 “干”表示酒中的含糖量少，糖分都发酵变成了酒精，故酒中的糖分含量最低，最新的国家标准中，其含糖量小于10g/L（以葡萄糖计）。这种酒属稀醪发酵，总加水量为原料米的3倍左右。发酵温度控制得较低，开耙搅拌的时间间隔较短。酵母生长较为旺盛，故发酵彻底，残糖很低。在绍兴地区，干黄酒的代表是“元红酒”。

（2）半干型黄酒 “半干”表示酒中的糖分未全部发酵成酒精，还保留了一些糖分。在生产上，这种酒的加水量较低，相当于在配料时增加了饭量，故又称为“加饭酒”。酒的含糖量在10～30g/L。在发酵过程中，要求较高。酒质厚浓，风味优良。可以长期储藏，是黄酒中的上品。我国大多数出口酒，均属此种类型。

（3）半甜型黄酒 这种酒含糖量在30～100g/L之间。这种酒采用的工艺独特，是用成品黄酒代水，加入到发酵醪中，使糖化发酵的开始之际，发酵醪中的酒精浓度就达到较高的水平，在一定程度上抑制了酵母菌的生长速度，由于酵母菌数量较少，对发酵醪中的产生的糖分不能转化成酒精，故成品酒中的糖分较高。这种酒，酒香浓郁，酒度适中，味甘甜醇厚，是黄酒中的珍品。但这种酒不宜久存，储藏时间越长，色泽越深。

（4）甜型黄酒 这种酒，一般是采用淋饭操作法，拌入酒药，搭窝先酿成甜酒酿，当糖化至一定程度时，加入40%～50%浓度的米白酒或糟烧酒，以抑制微生物的糖化发酵作用，酒中的糖含量达到100～200g/L。由于加入了米白酒，酒度也较高。甜型黄酒可常年生产。

（5）浓甜型黄酒 含糖量大于200g/L。

3. 按酿造工艺分

（1）传统工艺黄酒 有淋饭酒、摊饭酒、喂饭酒之分。

淋饭酒是指蒸熟的米饭用冷水淋凉，然后，拌入酒药粉末，搭窝、糖化，最后加水发酵成酒。口味较淡薄。这样酿成的淋饭酒，有的酒厂是用来作为酒母的，即所谓的“淋饭酒母”。

摊饭酒是指将蒸熟的米饭摊在竹箅上，使米饭在空气中冷却，然后再加入麦曲、酒母（淋饭酒母）、浸米浆水等，混合后直接进行发酵。

喂饭酒酿酒时，米饭不是一次性加入，而是分批加入。

（2）新工艺黄酒 新工艺黄酒即为机械化黄酒。传统的黄酒原料是糯米及粟米，由于糯米产量低，不能满足生产需要，在20世纪50年代中期，通过改革米饭的蒸煮方法，实现了用粳米和籼米代替糯米的目标，酒质保持稳定。20世纪80年代，还试制成功玉米黄酒、地瓜黄酒。为降低生产成本，扩大原料来源起到了很好的效果。现在籼米、粳米、玉米等原料酿制的黄酒的感官指标和理化指标都能达到国家标准。米饭的蒸煮逐步由柴灶转变为由锅炉蒸汽供热。已采用洗米机、淋饭机，蒸饭设备改成机械化蒸饭机（立式和卧式），原料米的输送实现了机械化。

4. 按糖化发酵剂分

有酒药加麦曲酒、红曲酒和乌衣红曲酒及黄衣红曲酒、纯菌种培养的各种糖化曲和酒母酿制的黄酒之分。

5. 按黄酒色泽分

有如琥珀色的状元红酒、暗黑色的江阴黑酒、浅绿色的竹叶清酒、红黄色的红酒等。

6. 按酿造季节分

有秋酿酒、冬酿酒、春酿酒和夏酿酒之分。

（二）黄酒名品介绍

1. 绍兴加饭酒

古越龙山牌、塔牌绍兴加饭酒于1925年被评为中国八大名酒之一，并多次蝉联全国名酒称号及金质奖，1985年获法国巴黎国际美食及旅游展览会金奖，1986年在法国巴黎第12届国际食品博览会上获金奖。

加饭酒是绍兴酒当中的名贵酒，它取鉴湖之净水，以糯米为主要原料，用摊饭法传统工艺酿制而成。因在酿制是增加了“饭量”而得名，又因增加的“饭量”不同，而分为“双加饭”和“特加饭”。其酒液色泽橙黄、明亮，酒质醇厚鲜美，酒精含量为18%，含酸量在5.5g/L以下，含糖量为20g/L，为半干型黄酒，便于储存。

2. 绍兴元红酒

古越龙山牌、塔牌绍兴元红酒系绍兴酒的主要品种，其占绍兴酒总产量的80%以上。1979年、1983年获国家优质就称号及银质奖，1984年获原轻工业部酒类质量大赛金杯奖。

元红酒酿造方法上与加饭酒相似，因其酒坛外表常刷成朱红色，故又叫“状元红”，其酒液成透明的琥珀色或呈红色，此酒发酵完全，有绍兴酒特有的酯香，口味甘甜鲜美，酒精含量为15%～16%，总酸量在4.5g/L以下，属干型黄酒的典型代表，需陈储1～3年才可上市。

3. 善酿酒

善酿酒是绍兴酒之名特酒极品。它是用已陈储了1～3年的陈元红酒与新元红酒混合再发酵，酿制而成。该酒呈深黄色，酒香浓郁，酒质醇厚香甜，酒精含量为13%～14%，并有独特的风味。此酒在清代由沈永和酿坊创始。该坊在酿酒的同时酿制酱油，酿酒师傅从酱油酿制中得到启发，即以酱油代水做母子酱油的原理来酿制绍兴黄酒，以提高品质，得以成功。所以，善酿酒是品质优良的母子酒。

4. 花雕酒

花雕酒是把加饭酒陈储多年而成。关于花雕酒的来历，清《浪迹续谈》中记述了一个民间传说。相传有一富翁生了一个女儿，满月之时，这个富翁便请人酿了几坛酒藏到酒窖里。十八年后，他的女儿要出嫁了，富翁便把当时储藏的酒拿出来，并在酒坛外面绘上“龙凤吉祥”、“花好月圆”、“送子观音”等喜庆图案，作为女儿的陪嫁礼品。因为酒坛外面漂亮的彩色图案，人们就把这种酒形象地叫做“花雕”。习惯上称“花雕酒”或“远年花雕”。

5. 女儿红

“汲取门前鉴湖水，酿得绍酒万里香”，始创于晋代女儿红品牌的故事千年流传。早在公元304年，晋代嵇含所著的《南方草木状》中就有女酒、女儿红酒为旧时富家生女嫁女必备之物的记载。按浙江地方风俗，生下女儿之年要酿酒数坛，并泥封窖藏，待女儿长大结婚之日方开坛取酒，宴请宾客，所以后人称此酒为“女儿红”。因经过20年的封储，酒的风味更香醇。

6. 香雪酒

以陈年糟烧代水用淋饭法酿制而成，也是一种双套酒。酒液淡黄清亮，芳香幽雅，味醇浓甜。含酒精17.5～19.5g/100mL，含糖19～23g/100mL，总酸0.4g/100mL以下。陈学本《绍兴加工技术史》记述：1912年，东浦乡周云集酿坊的吴阿惠师傅和其他酿师们，用糯米饭、酒药和糟烧，试酿了一缸绍兴黄酒，得酒12大坛，以后逐年增加产量，出而应市。试酿成功后，工人师傅认为这种酒由于加用了糟烧，味特浓，又因酿制时不加促使酒色变深的麦曲，只用白色的酒药，所以酒糟色如白雪，故称香雪酒。它是甜型黄酒的典型代表。

7. 福建沉缸酒

福建沉缸产于福建省龙岩市，始创于清代嘉庆年间，距今已有近200年的历史。1984年获原轻工业部酒类质量大赛金杯奖，在全国第二届、第三届、第四届评酒会上，三次蝉联国家名酒称号及金质奖。

沉缸酒是选用上等精白糯米为原料，采用古田红曲和特质小药曲为糖化发酵剂，精心酿制而成。该酒呈鲜艳透明的红褐色，有琥珀光泽，香味浓郁，酒质醇厚，入口甘甜，无黏稠感。酒精含量为14.5%，含糖量为270g/L，属浓甜型黄酒。“斤酒当九鸡”，这是龙岩市的人民对当地所产沉缸酒的赞誉，意思是沉缸酒营养丰富，饮一斤酒抵得上吃九只鸡。

8. 福建老酒

福建老酒产于福建省福州市，1984年获原轻工业部酒类质量大赛金杯奖，三次蝉联国家优质酒类称号和银质奖。福建老酒始创于1945年，是以精白糯米为原料，以古田县红曲和白曲为作为糖化剂，精心酿制而成。其原酒需陈储1～3年，最后勾兑装瓶。

该酒色赤如丹，清亮透明，醇香浓郁，口味鲜美，余味绵长。酒精含量15%，含糖量60g/L，属半甜型黄酒。

9. 山东即墨老酒

即墨牌即墨老酒为山东省即墨黄酒厂产品。山东即墨老酒是久负盛名的米黄酒，1963年、1979年荣获国家优质酒称号及银质奖，1984年获原轻工业部酒类质量大赛金杯奖。

该酒选用优质米为原料，采用独特的传统工艺酿制而成。其酒色泽黑褐中带紫红，饮时香馥醇和，具有焦糜米香，香甜爽口，微苦而又余香，回味悠久。酒精含量12%，含糖量80g/L，是一种半甜型黄酒。

10. 黄桂稠酒

黄桂稠酒出自西安，是在稠酒的基础上配以芳香的黄桂而成。相传“贵妃醉酒”的酒，就是这种黄桂稠酒。黄桂稠酒的特点是汁稠、醇香、绵甜适口，酒精含量约为15%。郭沫若先生1956年在西安品尝后，兴奋地赞誉“不像酒，胜似酒”。

黄桂稠酒的制作过程是，先把糯米在水中泡4h，再放入蒸笼大火蒸约15min，米达八成熟，随即离火用洁净水冲浇。待水控干后，把米倒在案上，拌入酒曲，然后装坛封闭，使其发酵。温度在30℃左右时，三天后即成熟。饮用时可视其需要数量，从坛中取出酒醅，倒入罗筛里，加适量洁净凉水搅拌过滤，直至酒尽醅干。然后倒出酒渣，将酒汁倒入酒樽，放在开水锅里加热烧开，在酒中放入准备好的黄桂、白糖即可热饮。

（三）黄酒的饮用与服务

黄酒主要作为佐食单饮，常温或加热后喝，酒中的一些芳香成分会随着温度的升高挥发出来，饮用时更能使人心旷神怡。酒的温度一般以40～50℃为好，但酒温也可随个人的饮用习惯而定。古代人饮用黄酒时通常用爊斗（酒铛、酒枪等），爊斗呈三角带柄状，温酒时在爊斗下加热，便可使酒温好，然后斟入杯中饮用。温酒的方法还有一种，即注碗烫酒。明朝以后，人们习惯于用锡制小酒壶放在盛热水的器皿里烫酒，这种方法一直沿用至今。现在由于酒店、酒吧的设施原因，且黄酒大多数改用玻璃瓶装，温酒过程相对简单多了，一般只需要将酒瓶直接放入盛热水的酒桶里温烫即可。

夏季黄酒可以作冷饮饮用。其方法是将酒放入冰箱直接冰镇或在酒中加冰块，这样能降低酒温，加冰块还可降低酒度。冷饮黄酒，不仅消暑解渴，而且清凉爽口，给人以美的享受。

不习惯饮黄酒的人或妇女，可以饮用甜型黄酒，或将几种果汁、矿泉水兑入黄酒中饮用，也可把一般啤酒或果汁兑入黄酒中饮用。

加饭酒适宜吃冷菜时饮用，可温烫后上桌服务；元红酒饮用时可稍加温，吃鸡鸭时佐饮最适宜；善酿酒宜佐食甜味菜肴。

黄酒应该慢慢地喝，喝一小口细细地回味品尝一番，然后徐徐咽下，这样才能真正领略到黄酒的独特滋味。

在日常和酒吧的消费习惯中，黄酒还能与可乐、雪碧等碳酸饮料兑饮，此饮法醇甜可口。另外，还可与中国白酒兑饮增强酒味。

（四）黄酒的质量鉴别

黄酒的鉴定也是从色、香、味三个方面进行鉴别。

1. 色

不论浅黄、褐黄、黑褐等均应晶明透亮，无沉淀物。

2. 香

以浓郁酒香者为佳。

3. 味

应以醇厚、略带甜味、鲜味为佳。

如果酒液失去光泽，并伴有悬浮物和出现腐臭味，这样的黄酒肯定不能饮用。

（五）黄酒的储存与保管

黄酒属于原汁酒类，一般酒精含量较低，越陈越香是黄酒最显著的特点，但是如果黄酒的储藏与保管不当，将会导致黄酒的腐败变质，因此，储藏保管黄酒既要防止损耗变质，又要尽可能创造促进其质量提高的有利条件。黄酒储存时应注意以下几点。

① 黄酒宜储存在地下酒窖。

② 黄酒最适宜的储存条件是环境清爽，温度变化不大，一般为25℃以下，相对湿度为60%～70%。但是，黄酒储存并不是温度越低越好，如果温度低于−5℃，黄酒就会受冻、变质和结冻破坛的可能，不宜露天存放，尤其是在北方地区。

③ 黄酒堆放平稳，酒坛、酒箱堆放高度一般不得超过4层。每年夏天应倒坛一次，使得上下层酒坛内的酒质保持一致。

④ 黄酒不宜与其他异味物品或食品同库储存。坛头破碎或瓶口漏气的酒坛、酒瓶必须立即出库，不宜继续放在库中储存。

⑤ 黄酒储存不宜经常受到震动，不能有强烈光线的照射。

⑥ 不可用金属器皿储存黄酒。

⑦ 黄酒酒瓶一般竖立，避光常温下保存。但开瓶后，久存必失其鲜味，因此最好一次性喝完或短期内用完。

四、日本清酒

（一）清酒的起源

日本清酒是借鉴中国黄酒的酿造法而发展起来的日本国酒，并以英文Sake闻名世界。日本人说，清酒是上帝的恩赐。1000多年来，清酒一直是日本人最常喝的饮料。在大型的宴会上，结婚典礼中，在酒吧间或寻常百姓的餐桌上，人们都可以看到清酒。清酒已成为日本的国粹。同时，日本清酒是典型的日本文化，有这么一说，每年成人节（元月15日），日本年满20周岁的男女都穿上华丽庄重的服饰，所谓男着吴服，女穿和服，与三五同龄好友共赴神社祭拜，然后饮上一杯淡淡的清酒（据日本法律规定不到成年不能饮酒），在神社前合照一张饮酒的照片。此节日的程序一直延至今日不改，由此可见清酒在日本人心目中的地位。

据中国史书记载，古时候日本只有“浊酒”，没有清酒。后来有人在浊酒中加入石炭，使其沉淀，取其清澈的酒液饮用，于是便有了“清酒”之名。公元7世纪中叶之后，朝鲜半岛古国百济与中国常有来往，并成为中国文化传入日本的桥梁。因此，中国用“曲种”酿酒的技术就由百济人传播到日本，使日本的酿酒业得到了很大的进步和发展。到了公元14世纪，日本的酿酒技术已日臻成熟，人们用传统的清酒酿造法生产出质量上乘的产品。

日本全国有大小清酒酿造厂2000余家，其中最大的5家酒厂及其著名产品是大包厂的月桂冠、小西厂的白雪、白鹤厂的白鹤、西宫厂的日本盛和大关厂的大关酒。日本著名的清酒厂多集中在神户和京都附近。

（二）清酒的分类

1. 按制法不同分类

（1）纯米酿造酒　纯米酿造酒即为纯米酒，仅以米、米曲和水为原料，不外加食用酒精。此类产品多数供外销。

（2）普通酿造酒　普通酿造酒属低档的大众清酒，是在原酒液中兑入较多的食用酒精，即1t原料米的醪液添加100%的酒精120L。

（3）增酿造酒　增酿造酒是一种浓而甜的清酒。在勾兑时添加了食用酒精、糖类、酸类、氨基酸、盐类等原料调制而成。

（4）本酿造酒　本酿造酒属中档清酒，食用酒精加入量低于普通酿造酒。

（5）吟酿造酒　制作吟酿造酒时，要求所用原料的精米率在60%以下。日本酿造清酒很讲究糙米的精白程度，以精米率来衡量精白度，精白度越高，精米率就越低。精白后的米吸水快，容易蒸熟、糊化，有利于提高酒的质量。例如，米粒被磨去30%后，剩余的70%就用来酿酒。高一等的吟酿，就会磨去米粒外层40%后才造酒。至于最高级的大吟酿，差不多50%的米粒外层都会被磨去，加上在冬天才酿制，所采用的米比较靓，水质较清纯，酿制时间也较长，故会散发一种自然的清香，入口分外醇美。吟酿造酒被誉为“清酒之王”。

2. 按口味分类

（1）甜口酒　甜口酒为含糖分较多、酸度较低的酒。

（2）辣口酒　辣口酒为含糖分少、酸度较高的酒。

（3）浓醇酒　浓醇酒为含浸出物及糖分多、口味浓厚的酒。

（4）淡丽酒　淡丽酒为含浸出物及糖分少而爽口的酒。

（5）高酸味酒　高酸味酒是以酸度高、酸味大为其特征的酒。

（6）原酒　原酒是制成后不加水稀释的清酒。

（7）市售酒　市售酒指原酒加水稀释后装瓶出售的酒。

3. 按储存期分类

（1）新酒　新酒是指压滤后未过夏的清酒。

（2）老酒　老酒是指储存过一个夏季的清酒。

（3）老陈酒　老陈酒是指储存过两个夏季的清酒。

（4）秘藏酒　秘藏酒是指酒龄为5年以上的清酒。

4. 按酒税法规定的级别分类

（1）特级清酒　品质优良，酒精含量16%以上，原浸出物浓度在30%以上。

（2）一级清酒　品质较优，酒精含量16%以上，原浸出物浓度在29%以上。

（3）二级清酒　品质一般，酒精含量15%以上，原浸出物浓度在26.5%以上。

根据日本法律规定，特级与一级的清酒必须送交政府有关部门鉴定通过，方可列入等级。由于日本酒税很高，特级的酒税是二级的4倍，有的酒商常以二级产品销售，所以受到内行饮家的欢迎。但是，从1992年开始，这种传统的分类法被取消了，取而代之的是按酿造原料的优劣、发酵的温度和时间以及是否添加食用酒精等来分类，并标出“纯米酒”、“超纯米酒”的字样。

（三）清酒的命名与主要品牌

清酒的牌名很多，仅日本《铭酒事典》中介绍的就是400余种，命名方法各异。有的用一年四季的花木和鸟兽及自然风光等命名，如白藤、鹤仙等；有的以地名或名胜定名，如富士、秋田锦等；也有以清酒的原料、酿造方法或酒的口味取名的，如本格辣口、大吟酿、纯米酒之类；还有以各类誉词作酒名的，如福禄寿、国之誉、长者盛等。

最常见的日本清酒品牌有月桂冠、白雪、白鹿、樱正宗、大关、白鹤、菊正宗、富贵、御代荣、贺茂鹤、白牡丹、千福、日本盛、松竹梅及秀兰等。

1. 大关

大关清酒在日本已有285年的历史，也是日本清酒颇具历史的领导品牌，“大关”的名称由来是根源于日本传统的相扑运动。数百年前日本各地最勇猛的力士，每年都会聚集在一起进行摔跤比赛，优胜的选手则会赋予“大关”的头衔；而大关的品名是在1939年第一次被采用，作为特殊的清酒等级名称。相扑在日本是享誉盛名国家运动，大关在1958年颁发“大关杯”与优胜的相扑选手，此后大关清酒就与相扑运动结合，更成为优胜者在庆功宴最常饮用的清酒品牌。

2. 日本盛

酿造日本盛清酒的是西宫酒造株式会社。明治22年（1889年）创立于日本兵库县，是著名的神户滩五乡中的西宫乡，为使品牌名称与酿造厂一致，于2000年更名为日本盛株式会社。该公司创立至今已有112年历史，其口味介于月桂冠（甜）与大关（辛）之间。有人将酿酒的原料比喻为酒的肉，酿酒用的水为酒血，酒曲则为酒的骨，那么酿酒师的技术与用心，则应该是酒的灵魂了。日本清酒也不例外，除了先天的气候环境条件，水质的优劣，用米的良窳等都是不可缺少的要素。若以水的性质区分，日本酒有两种代表，一种是用“硬水”制成的滩酒，俗称为“男人的酒”，另一种典型是用“软水”酿造的京都伏见酒，称为“女人的酒”，前者如日本盛、白雪、白鹤等；后者如月桂冠。日本盛的原料米采用日本最著名的山田井，使用的水为“宫水”，其酒品特质为不易变色，口味淡雅甘醇。硬水与软水的区分在于水中所含矿物质（钙、磷、钾、铁）的多寡，硬水的矿物质含量较多，软水较少。

3. 月桂冠

月桂冠的最初商号名称为笠置屋，成立于宽永14年（1637年），当时的酒品名称为玉之泉，其创始者大仓六郎右卫门在山城笠置庄，也就是现在的京都相乐郡笠置町伏见区，开始酿造清酒。其所选用的原料米也是山田井，水质属软水的伏水，所酿出的酒香醇淡雅；在明治38年（1905年）日本时兴竞酒比赛，优胜者可以获得象征最高荣誉的桂冠，为了冀望能赢得象征清酒的最高荣誉而采用“月桂冠”这个品牌名称。由于不断的研发并导入新技术，广征伏见及滩区及日本各地的优秀杜氏，如南部流、但马流、丹波流、越前流等互相切磋，因此在许多评鉴会中获得金赏荣誉，成就了日本清酒的龙头地位。

4. 白雪

日本清酒最原始的功用是作为祭祀之用，寺庙里的和尚为了祭典自行造酒，部分留给自己喝，早期的酒呈浑浊状，经过不断的演进改良才逐渐转成澄清，其时大约在16世纪。白雪清酒的发源可溯至公元1550年，小西家族的祖先新右卫门宗吾开始酿酒，当时最好喝的清酒称为“诸白”，由于小西家族制造诸白成功而投入更多的心力制作清酒；到了1600年江户时代，小西家第二代宗宅运酒至江户途中时，仰望富士山时，被富士山的气势所感动，因而命名为“白雪”，白雪清酒可说是日本清酒最古老的品牌。一般日本酒最适合酿造的季节是在寒冷的冬季，因为气温低，水质冰冷，是酿造清酒的理想条件，因此自江户时期以来，日本清酒多是在冬天进行酿酒的工作，称为“寒造”，酿好的酒第二年春夏便进行陈酒。1963年，白雪在伊丹设立第一座四季酿造厂“富士山二号”，打破了季节的限制，使造酒不再限于冬季，任何季节都可造酒。白雪清酒的特色除了采用兵库县心白不透明的山田锦米种，酿造用的水则是采用所谓硬水的“宫水”。宫水中含有大量酵母繁殖所需的养分，因此是最适合用来造酒的水，其所酿出来的酒属酸性辛口酒，即使经过稀释，酒性仍然刚烈，因此称为“男酒”。另外，白雪特别的是其酿制的过程除了藏元杜氏外，整个酿制过程均由女性社员担任，也许因为这个原因，白雪清酒呈现的是细致优雅的口感，如同其名，冰镇之后饮用更显清爽畅快。

5. 白鹿

白鹿清酒创立于日本宽永2年（1625年）德川四代将军时代。由于当地的水质清冽甘美，是日本所谓最适合酿酒的西宫名水，白鹿就是使用此水酿酒。早在江户时代的文政、天保年间（1818—1843年），白鹿清酒就被称为“滩的名酒”，迄今仍拥有崇高的地位，主要品种包括大吟酿、吟酿、纯米吟酿及生清酒等。白鹿清酒的特色是香气清新高雅口感柔顺细致，非常适合冰凉饮用，另外一款白鹿生清酒（Nama Sake），口感较一般的清酒多一分清爽、新鲜甘口的风味，所谓的“Nama”是新鲜的意思，一般清酒的酿制过程须经两次杀菌处理，而生清酒仅作一次的杀菌处理便装瓶，因此其口感更清新活泼。

6. 白鹤

白鹤清酒创立于1743年，其在日本的销售是数一数二的大品牌，在日本的主要清酒产区——关西滩五乡，白鹤也有着不可动摇的地位；尤其是白鹤的生酒、生储藏酒等，其在日本的销量，更是常年居冠。白鹤品牌的产品相当多元，除了众所熟知的清酒、生清酒外，另外还有烧酎、料理酒等其他种类的酒品。在清酒方面，产品线更是齐全多样，从纯米生酒、生储藏酒、特别纯米酒到大吟酿、纯米吟酿、本酿造等；口味更是从淡丽到辛口、甘口，适合女性的或专属男性喝的，可说应有尽有。

7. 菊正宗

菊正宗在日本也是一个老牌子，其产品特色是酒质的口感属于辛口，与一般市面贩售稍带甜味的其他清酒不同。由于其在酿造发酵的过程中，采用公司自行开发的“菊正酵母”作为酒母，此酵母菌的发酵力较强，因此酿造出的酒质味道更浓郁香醇，较符合都会区饮酒人士的品味。另外，其所使用的原料米也是日本最知名的米种“山田锦”，酿出的原酒再放入杉木桶中陈年，让酒液在木桶中吸收杉木的香气及色泽，只要含一口菊正宗，就有一股混着米香与杉木香气缓缓开展，因此，浓厚的香味无论是加温至50℃热饮或冰饮都适合，是大众化的酒品。

8. 富贵

酿造厂商GODO合同酒精株式会社位于北海道旭川市，1924年与四家酒厂合并而成，该公司起源于Mikawaya酒馆，由神谷传兵卫于1880年，在日本浅草花川户开设。神谷传兵卫于1900年在北海道旭川市开始制造酒精，1903年在茨城县牛久市首创日本酒的酿造工业，其后以神谷酒精制造为中心，合并四家位于北海道的烧酎制造公司，于旭川建立“合同酒精股份有限公司”。GODO在日文汉字中的意思为“合同”，中文意思为“合力”，由于结合了不同的酒类制造商，其产品线较多元，包括烧酎、清酒、梅酒、葡萄酒等；上撰富贵是采用知名六甲山褶涌出的滩水“宫水”，以丹波杜氏的传统酿酒技艺酿制而成，其口味清新淡雅，不过也有较辛口的特级清酒。

9. 御代荣

御代荣是成龙酒造株式会社出产的酒品。成龙酒造位于日本四国岛的爱媛县，成立于明治10年（1877年）。“御代荣”的铭柄（商标）其原意是期望世代子孙昌盛繁荣，因此酒造的创始人期望藏元（酒厂）也能世代繁荣，并承续传统文化酿造出优美的酒质，让人饮用美酒后也能有幸福之感。日本酒的文化特色是坚持依当地的风土特色，酿出属于地方特有的酒质。成龙酒造坚持使用当地爱媛县所出产的原料米品种“松山三井”，而酿造用水则是采用四国最高峰石槌山源流的水酿造，其酿出的酒酒质清爽微甘，口感平衡醇美。代表性酒御代荣醇米吟酿，采用有机栽培的松山三井原料米，经过50% ～ 60%的精米步合（稻米磨除率）酿制而成，口感丰满清爽。

（四）清酒的新产品

近几年来，为适应人们饮食习惯的变化，日本开发了许多清酒的新产品。

1. 浊酒

浊酒是与清酒相对的。清酒醪经压滤后所得的新酒，静置一周后，抽出上清部分，其留下的白浊部分即为浊酒。

浊酒的特点之一是有生酵母存在，会连续发酵产生二氧化碳，因此应用特殊瓶塞和耐压瓶子包装。装瓶后加热到65℃灭菌或低温储存，并尽快饮用。此酒被认为外观珍奇，口味独特。

2. 红酒

在清酒醪中添加红曲的酒精浸泡液，再加入糖类及谷氨酸钠，调配成具有鲜味且糖度与酒度均较高的红酒。由于红酒易褪色，在选用瓶子及库房时要注意避光性，应尽快销售、饮用。

3. 红色清酒

该酒是在清酒醪主发酵结束后，加入酒度为60%以上的酒精红曲浸泡而制成的。红曲用量以制曲原料米计，为总米量的25%以下。

4. 赤酒

该酒在第三次投料时，加入总米量2%的麦芽以促进糖化。另外，在压榨前一天加入一定量的石灰，在微碱性条件下，糖与氨基酸结合成氨基糖，呈红褐色，而不使用红曲。此酒为日本熊本县特产，多在举行婚礼时饮用。

5. 贵酿酒

贵酿酒与我国黄酒类的善酿酒的加工原理相同。投料水的一部分用清酒代替，使醪的温度达到9 ～ 10℃，即抑制酵母的发酵速度，而自糖化生成的浸出物则残留较多，制成浓醇而香甜型的清酒。此酒多以小瓶包装出售。

6. 高酸味清酒

利用白曲霉及葡萄酵母，采用高温糖化酵母，醪发酵最高温度21℃，发酵9天制成类似干葡萄酒型的清酒。

7. 低酒度清酒

酒度10% ～ 13%，适合女士饮用。低酒度清酒市面上有三种：一是普通清酒（酒度12%左右）加水；二是纯米酒加水；三是柔和型低度清酒，是在发酵后期追加水与曲，使醪继续糖化和发酵，待最终酒度达12%时压榨制成。

8. 长期储存酒

一般在压榨后的3～15个月内销售，当年10月份酿制的酒，到次年5月出库。消费者要求饮用如中国绍兴酒那样长期储存的香味酒。老酒型的长期储存酒，为添加少量食用酒精的本酿造酒或纯米清酒。储存时应尽量避免光线和接触空气。凡5年以上的长期储存酒称为“秘藏酒”。

9. 发泡清酒

将通常的清酒醪发酵10天后，即进行压榨，滤液用糖化液调整至3Bé，加入新鲜酵母再发酵。室温从15℃逐渐降到0℃以下，使二氧化碳大量溶解于酒中，用压滤过滤后，以原曲耐压罐储存，在低温条件下装瓶，瓶口加软木塞，并用铁丝固定，60℃灭菌15min。发泡清酒在制法上兼具啤酒和清酒酿造工艺，在风味上，兼备清酒及发泡性葡萄酒的风味。

10. 活性清酒

该酒为酵母不杀死即出售的活性清酒。

11. 着色清酒

将色米的食用酒精浸泡液加入清酒中，便成着色清酒。菲律宾的褐色米、日本的赤褐色米、泰国及印度尼西亚的紫红色米，表皮都含有花色素系的黑紫色或红色素成分，是生产着色清酒的首选色米。

12. 其他清酒

其他有雪莉型清酒、低聚糖含量多的清酒、粉末清酒及冻结型清酒等。

（五）清酒的饮用与服务

1. 酒杯

饮用清酒时可采用浅平碗或小陶瓷杯，也可选用褐色或青紫色玻璃杯作为杯具。酒杯应清洗干净。

2. 饮用温度

清酒一般在常温（16℃左右）下饮用，冬天需温烫后饮用，加温一般至40～50℃。随着清酒等级的不同，在饮用时的温度也要跟着做不同的调整。而要判断何种清酒适合温饮，何种适合冰饮，主要是以其总体的香气及酒的原料来区别。一般而言，若是属于口味浓厚、香气较高的酒种，如纯米酒、本酿造酒、普通酒等，则适合温热着喝，因为这几款酒在经过加热的过程，反而能将酒中的香气带出，让酒质更浓郁香醇。而香气及口味较纤细的吟酿、大吟酿，就比较适合冰镇后饮用，这主要是因为清酒在温热后，酒中的香气会因为温度的升高而散发逸失，若是清淡纤细的酒种，其口感风味容易因此而散失，所以比较适合冰饮或常温饮用。

（1）温酒的方法　一般最常见的温酒方式，是将欲饮用的清酒倒入清酒壶瓶中（Takuri），再放入预先加热沸腾的热水中温热至适饮的温度，这种隔水加热法最能保持酒质的原本风味，并让其渐渐散发出迷人的香气。另外，随着科技的进步，也有使用微波炉温热的方法，若是以此种方法温热时，最好在酒壶中放入一支玻璃棒，如此才可使壶中的酒温度产生对流，让酒温均匀。

（2）冰饮方法　冰饮的方法也各有其不同的表现方式，较常见的是将饮酒用的杯子预先放入冰藏，要饮用时再取出杯子倒入酒液，让酒杯的冰冷低温均匀地传导到酒液中，以保存住纤细的口感。另外也有一种特制的酒杯，可以隔开酒液及冰块，将碎冰块放入酒杯的冰槽后，再倒入清酒，当然最直接方便的方法就是将整樽的清酒放入冰箱中冰存，饮用时再取出即可。

无论冰饮、热饮，只要选对了酒，用适合自己的饮用方式细心品尝，就算无法像品酒师一样那么理性地分析口感与成分，也能感性地体会个中巧妙。

3. 饮用时间

清酒可作为佐餐酒，也可作为餐后酒。

4. 饮用方法

普通酒质的清酒，只要保存良好、没有变质、色呈清亮透明，就都能维持住一定的香气与口感。但若是等级较高的酒种，其品鉴方式就像高级洋酒一样，也有辨别好酒的诀窍及方法，其方法不外三个步骤。

（1）眼观　观察酒液的色泽与色调是否纯净透明，若是有杂质或颜色偏黄甚至呈褐色，则表示酒已经变质或是劣质酒。在日本品鉴清酒时，会用一种在杯底画着螺旋状线条的（蛇眼杯）来观察清酒的清澈度，算是一种比较专业的品酒杯。

（2）鼻闻　清酒最忌讳的是过熟的陈香或其他容器所逸散出的杂味，所以，有芳醇香味的清酒才是好酒，而品鉴清酒所使用的杯器与葡萄酒一样，需特别注意温度的影响与材质的特性，这样才能闻到清酒的独特清香。

（3）口尝　在口中含3～5mL的清酒，然后让酒在舌面上翻滚，使其充分均匀地遍布舌面来进行品味，同时闻酒杯中的酒香，让口中的酒与鼻闻的酒香融合在一起，吐出之后再仔细品尝口中的余味，若是酸、甜、苦、涩、辣五种口味均衡调和，余味清爽柔顺的酒，就是优质的好酒。

（六）清酒的储存与保管

日本清酒与葡萄酒一样只要有良好的成熟环境，酒质会愈甘醇可口，其最大的特色就是在装瓶出货之后，还会在瓶中持续成熟，长时间的放置储存，会随着保存环境的不同，影响酒质的香气与味道，因此，要保持清酒的香醇可口，就必须注意每一个保存的细节与方法。

清酒是一种谷物原汁酒，因此不宜久藏。清酒很容易受光线的影响。清酒不但害怕阳光的照射，甚至日光灯照射过久都会使得酒质变化，如果日光灯持续照射2～3h，不仅肉眼即可看出酒质颜色的变化，有时还会散发所谓“日光臭”的特殊臭味。

为了防止光线照射影响清酒的品质与口味，购入的清酒最好能保存在日光无法照射到的地方，现今的酒瓶大多设计成深褐色或青绿色等遮阳效果佳的颜色，其目的就是便于清酒的保存。

除了防止光线的照射外，清酒的保存还要注意温度与湿度的控制，一般而言，保存的温度控制在20℃以下最好，由于清酒的制作过程是过滤及低温杀菌，因此装瓶后仍会在瓶中继续熟成，此时周遭的物理环境，对酒质的好坏便有决定性的影响，剧烈的温湿度变化对清酒品质的影响最大，因此最好能保持低温的恒温状态。保存好的清酒其保存期限可达一年至一年半，不过若是开过瓶未喝完的酒最好能放入冰箱冰存，因为接触过空气容易氧化改变酒质，当然倒出的酒是绝对禁止再倒回酒瓶中的。

五、果酒

在国内外市场上，近几年出现了越来越多的果酒，如枸杞酒、青梅酒、杨桃酒、荔枝酒、枇杷酒、草莓酒、枣子酒、柿子酒等。几乎所有的水果都可以被制成果酒。

（一）果酒的概念

果酒是指利用新鲜水果（除葡萄之外）酿制而成的一类低酒度的酿造酒。果酒的酿造方法基本上与葡萄酒相同，即将果实破碎、压榨取汁、加入酵母菌发酵制作而成。果酒含有多种氨基酸和维生素，极富营养和保健功能，而且世界各地的水果品种多、产量大，资源十分丰富。据中国酿酒工业协会果露酒专业协会统计，中国的果酒品种目前已有数十种。南有杨桃酒、荔枝酒、枇杷酒等，北有草莓酒、枣子酒、柿子酒等。国外有名的产地为欧洲各国及美国等，主要原料为苹果、梨、樱桃、黑醋栗、草莓、梅等。果酒也可用作鸡尾酒的材料。

果酒酒精含量低，有益健康。果酒中虽然含有酒精，但含量与白酒和葡萄酒比起来非常低，一般为5%～10%，最高的也只有14%。因此，果酒可以当作饭后或睡前的软饮料来喝。

（二）果酒的分类

果酒的分类方法很简单，通常按照制作原料的不同来分类，主要品种如下。

1. 苹果酒

苹果酒以苹果汁酿制而成，其酒精含量为2%～8%，也有更高些的，有含0.2MPa二氧化碳压力的气泡酒和静态酒两种。苹果酒均带甜味，果味很浓，故老少皆宜，若冰冷后饮用，更有怡神醒胃的作用。

（1）制法　先将苹果破碎、压榨、过滤，得到苹果汁，再泵至不锈钢槽中，并加入特种优良酵母，进行约15天的较低温发酵，因这样酿成的苹果酒仍含有一定量的糖分，故在装瓶时须经高温消毒。

（2）主要生产国及产品

① 英国和法国　早在400多年前，英国和法国均能酿制苹果酒，并将其作为日常饮料。英国南部萨默塞特郡（Somerset）和德文郡（Devon）等地区，至今仍很喜爱苹果酒。法国诺曼底地区和布列塔尼地区，是法国苹果酒的两大产地，其中诺曼底地区卡尔·瓦多斯（Calvados）省的苹果酒酒精含量仅为3%～5%，将其倒入杯内时会产生泡沫，酒量较大的人把它视为清凉饮料。

② 澳大利亚的苹果酒　成立于1888年的Bulmers苹果酒厂是全球规模最大的苹果酒厂，至今仍为家族式经营。该厂的产品仅国内年销量就达1500万升，英国的许多酒吧，均出售这个厂的苹果酒。

Bulmers由2种苹果混酿而成，一种名为Granny Smith、味道甜美的食用苹果占80%，另一种为酸度很高而不宜食用的Cider品种苹果，能增添成品酒的清新感。一种名为“啄木鸟”（Woodpecker）的含气苹果酒，所含的二氧化碳由人工压入，其酒精含量为4%，另一种以香槟式酒瓶装盛，名为“百美”（Pomagne）的含气苹果酒，二氧化碳采用“加压酒槽法”而得，口味有干、甜2种，酒精含量为8%。

③ 西班牙苹果酒　西班牙或英国的含气苹果酒，其气泡是将苹果酒装瓶后进行第2次发酵而形成的，均称其为“香槟苏打”。西班牙的含气苹果酒，全部以这种方式制成，在拉丁美洲各国，因其价格仅为法国香槟酒的1/2，故销售状况很好。

2. 其他水果酒

① Kiwi Bird Kiwifruit Wine，750mL，为奇异果酒，该果富含维生素C。此酒由新西兰岛的The Kiwifruit Winery公司生产。

② Maul Blanc，750mL，为珍贵凤梨酒，清爽不甜，产于夏威夷的Tedeschi Vineyards公司。

③ Peach Canei，750mL，这是以意大利安吉列夫的优质葡萄酒为基酒，与桃子混酿而成的轻微泡沫酒。

④ Erdbeer-Schhaumwein，这是以草莓汁酿制而成的甘甜型酒，产自德国的Mosel。

⑤ De Happy Frucht Schaumwein，750mL，以黑醋栗为主要原料，配以橘子等4种水果混酿而成的气泡酒，由St.Fran-zlskus GMBH公司生产。

（三）果酒著名品牌

1. 苹果酒

（1）Cidre Fermier de Corndyuaille Demi-sec　口味稍甜。

（2）Cidre Fermier de Corndyuaille Brut　750mL，不甜，产自布列塔尼地区的Domaine Do-minigue Le Brum公司。

（3）Val de Rance Doux　750mL，甜型苹果酒，果香浓郁，产于布列塔尼Les

Celliers Associes公司。

（4）Cidreries du Calvados

① Cidre Ecusson Doux，750mL，具有果香及微量泡沫，微甜。

② Cidre Ecusson Brut，750mL，不甜，具有轻微泡沫及果香。

2. 其他品牌

瑞典著名果酒品牌——卡普波格；日本的Choya酒厂生产的梅酒；中国的“果圣树”枇杷酒、“忠芝”牌野生蓝莓果酒等。

（四）果酒的饮用与服务

人们不仅爱喝果酒，而且喝的方法非常讲究，一般来说，夏天要喝冰镇的，冬天则要加温，喝热的果酒。不过，果酒虽然有益健康，但毕竟含有一定的酒精，因此也不宜喝得过多，一次最好不要超过1L，尤其是喝的时候要尽量避免空腹，最好用一点蔬菜沙拉或饼干之类的食物下酒，在口味上也比较相配。

此外，果酒多数酸甜美味，因此很受女性青睐，但医生提醒，女性在经期前最好不要饮用太多的果酒，否则容易导致出血量过多。

第二节　蒸馏酒

蒸馏酒是把经过发酵的酿酒原料，经过一次或多次的蒸馏过程提取的高酒度酒液。蒸馏酒的制作原理是根据酒精的物理性质，采取使之汽化的方式，提取的高纯度酒液。因为酒精的沸点是78.3℃，达到并保持这个温度就可以获得汽化酒精，如果再将汽化酒精输入管道冷却后，便是液体酒精。但是在加热过程中，原材料的水分和其他物质也会掺杂在酒精中，因而形成质量不同的酒液。所有大多数的名酒都采取多次蒸馏法等工艺来获取纯度高、杂质含量少的酒液。

蒸馏酒的酒度都在40%以上，最高可达68%。但大多数的世界名酒（蒸馏酒）的酒度一般在40%～45%之间。而中国名酒的酒度过去则多为55%～65%。

蒸馏酒通常是指酒精含量在40%以上的烈性酒。国外许多国家特别是工业发达国家中的法律及税收规定，凡酒精含量超过43%的酒将加倍收税。所以，许多世界名酒的酒精度数只在40%左右。

蒸馏酒因其酒精含量高，杂质含量少而可以在常温下长期保存。一般情况下，可以存放5～10年。即使在开瓶使用后，也可以存放一年以上的时间而不变质。所以，在酒吧中，蒸馏酒可以散卖、调酒甚至经常开盖而不必考虑其是否很快变质。

所以，我们不难总结出蒸馏酒的概念：凡以糖质或淀粉质为原料，经糖化、发酵、蒸馏而成的酒，统称为“蒸馏酒”。这类酒酒精含量较高，常在40%以上，所以又称之为烈酒或蒸馏酒。世界上蒸馏酒品种很多，较著名的有白兰地酒、金酒、威士忌酒、伏特加酒、朗姆酒、特基拉酒、中国白酒等。

一、白兰地酒（Brandy）

（一）白兰地的起源

白兰地是世界上最负盛名的一种酒，“没有白兰地的餐宴，就像没有太阳的春天”。欧洲人把这句饱含深情的诗句，毫不吝啬地给了白兰地。

白兰地这一名词，最初是从荷兰语Brandewijn而来，它的意思是“可燃烧的酒”。从狭义上讲，是指葡萄发酵后经蒸馏而得到的高度酒精，再经橡木桶储存而成的酒。白兰地是一种蒸馏酒，以水果为原料，经过发酵、蒸馏、储藏后酿造而成。以葡萄为原料的蒸馏酒叫葡萄白兰地，常讲的白兰地，都是指葡萄白兰地。以其他水果原料酿成的白兰地，应加上水果的名称，如苹果白兰地、樱桃白兰地等，但它们的知名度远不如前者大。

国际上通行的白兰地，酒精体积分数在40%左右，色泽金黄晶亮，具有优雅细致的葡萄果香和浓郁的陈酿木香，口味甘洌，醇美无瑕，余香萦绕不散。

关于白兰地的产生，还有一段有趣的故事：16世纪时，法国开伦脱（Charente）河沿岸的码头上有很多法国和荷兰的葡萄酒商人，他们把法国葡萄酒出口荷兰的交易进行得很旺盛，这种贸易都是通过船只航运而实现的。当时该地区经常发行战争，故而葡萄酒的贸易常因航行中断而受阻，由于运输时间的延迟，葡萄酒变质造成商人利益受损是常有的事；此外，葡萄酒整箱装运占去的空间较大，费用昂贵，使成本增加。这时有一位聪明的荷兰商人，采用当时的蒸馏液浓缩成为会燃烧的酒，然后把这种酒用木桶装运到荷兰去，再兑水稀释以降低酒度出售，这样酒就不会变质，成本亦降低了。但是他没有想到，那不兑水的蒸馏水更使人感到甘美可口。然而，桶装酒同样也会因遭遇战争而停航，停航的时间有时会很长。意外的是，人们惊喜地发现，桶装的葡萄蒸馏酒并未因运输时间长而变质，而且由于在橡木桶中储存很久，酒色从原来的透明无色变成美丽的琥珀色，而且香更芬芳，味尤醇和。从此大家从实践中得出一个结论：葡萄经蒸馏后得到的高度烈酒一定要进入橡木桶中储藏一段时间后，才会提高质量，改变风味。这就是白兰地产生的故事。

现在我们所讲的白兰地是从英文Brandy谐音来的，意思是“生命之水”，通常被人称为“葡萄酒的灵魂”。世界上生产白兰地的国家很多，但以法国出品的白兰地最为著名。而在法国产的白兰地中，尤以干邑（Cognac）地区生产的最为优美，其次为雅文邑（Armagnac）地区所产。除了法国白兰地以外，其他盛产葡萄酒的国家，如西班牙、意大利、葡萄牙、美国、秘鲁、德国、南非、希腊等国家，也都生产一定数量风格各异的白兰地。

关于白兰地的产生，还有下面一种说法。

著名的研究中国科学史的英国专家李约瑟博士，曾经发表文章认为，世界上最早发明白兰地的，应该是中国人。

明朝药学家李时珍在《本草纲目》中写道：葡萄酒有两种，即葡萄酿成酒和葡萄烧酒。所谓葡萄烧酒，就是最早的白兰地。《本草纲目》中还写道：葡萄烧酒是将葡萄发酵后，用甑蒸之，以器承其露。这种方法始于高昌，唐朝破高昌后，传到中原大地。高昌即现在的吐鲁番，说明我国在1000多年以前的唐朝时期，就用葡萄发酵蒸馏白兰地。

中国人用甑蒸白酒、蒸馏葡萄烧酒，已经有1000多年的历史。西方科学家一致认为，中国是世界上最早发明蒸馏器和蒸馏酒的国家。后来这种蒸馏技术，通过丝绸之路传到西方。进入17世纪，法国人对古老的蒸馏技术加以改进，制成了蒸馏釜，或者叫夏朗德壶式蒸馏锅，成为今如蒸馏白兰地的专用设备。法国人又意外地发现橡木桶储藏白兰地的神奇效果，完成了酿造白兰地的工艺流程，首先生产出质量完美、誉满全球的白兰地。

（二）白兰地的制作工艺

一是用白葡萄酒蒸馏制作白兰地。原料酒的发酵工艺与传统法生产的白葡萄酒（不宜用红葡萄酿成的白葡萄酒蒸馏白兰地，原因是在发酵时生成较多的杂醇油，蒸出的酒液质地粗糙）相同，当发酵完全停止时，残糖已达到0.3%以下，在罐内进行静止澄清，然后将上部清酒与酒脚分开，取出清酒即可进行蒸馏（酒脚要单独蒸馏）。白兰地是一种具有特殊风格的酒，它对于酒度的要求不高，因此白兰地的蒸馏方法至今停留在壶式蒸馏机上。采用壶式蒸馏还另有益处，就是壶是用铜制成的，在加热蒸馏过程中，生成了铜的丁酸、乙酸、辛酸、癸酸、月桂酸盐。这些盐是不溶性的，故就除去了味道不够好的这些酸，有利于白兰地的质量。

壶式蒸馏是采用直接火加热进行两个连续的蒸馏步骤。即先将原酒蒸成低度酒，在容量为150～500L的壶中加入新发酵好的原料酒，一直加热蒸至蒸汽中含很少的酒精为止，约需8h或更长时间，馏出液（即粗馏原白兰地）酒精含量为24%～32%。取部分酒尾分开存放，把壶放空，再放入新的原酒及上次蒸馏所得的酒尾，进行第二次蒸馏。同法，进行第三次蒸馏。将3次蒸馏所得的主要馏出液合并后复蒸，复蒸时间要长些，约14h，也要分去1%～2%的酒头或部分酒尾，其主要馏出液的平均酒精含量为58%～60%，即为原白兰地。将原白兰地酒进行勾兑与调配，再经过储藏和一系列的后加工处理，最后装瓶出厂。

二是用葡萄皮或葡萄渣作原料制作白兰地。将皮渣装在桶中，将容器密闭，使其发酵，因皮渣本身都带有酵母菌，可以不另外加入酵母。容器装满后，将口密闭，顶部留一气孔，使二氧化碳逸出。发酵时间一般需要10～15天，温度适宜，只需7～8天。发酵完毕后，即可放入蒸馏器进行蒸馏，方法同上。

（三）白兰地的分类

1. 干邑白兰地（Cognac Brandy）

（1）干邑白兰地的产区　干邑是一个地名，按法文发音译成科涅克，因为这里是生产最佳品质的白兰地的地方，所以“干邑”就成了白兰地的代名词；也因为白兰地最早是从我国南方进入我国的，所以当时用粤语译成“干邑”并沿用至今。

干邑，是法国南部的一个地区，位于夏朗德省（Charente）境内。干邑地区的土壤、气候、雨水等自然条件特别利于葡萄的生长，因此，这个地区所生产的葡萄是全世界首屈一指的，但这并不是说好的葡萄就一定可以酿出优质的白兰地。干邑是法国白兰地最古老、最著名的产区，干邑地区生产白兰地有其悠久的历史和独特的加工酿造工艺，干邑之所以享有盛誉，与其原料、土壤、气候、蒸馏设备及方法、老熟方法密切相关，干邑白兰地被称为“白兰地之王”。

干邑白兰地酒体呈琥珀色，清亮透明，口味讲究，风格豪壮英烈，特点十分独特，酒度为43%。

干邑白兰地的原料选用的是圣・爱米勇（Saint Emilim）、哥伦巴（Colombard）、白福尔（Folle Blanche）三个著名的白葡萄品种，以夏朗德壶式蒸馏器，经两次蒸馏，再盛入新橡木桶内储存，一年后，移至旧橡木桶，以避免吸收过多的单宁。

（2）干邑白兰地的酒质标志

① 酒龄　需要指出的是，干邑白兰地是用多种不同年龄的蒸馏葡萄酒精混合勾兑起来的。这其中既有年轻的酒，也有中年的酒和老年的酒。所谓的酒龄，并非指整瓶酒都在桶内储存了20年，而是调酒师将不同年份的酒，以不同的比例调制混合而成，这酒中当然也有在桶内储存了20年的酒。但是，由于白兰地的平均酒龄事实上是无法计算的，因此，上面提到的“所谓20年酒龄”，也只是“所谓”而已，白兰地酒瓶上的标贴是不印存储年份的。由此可见，如以某种具体年份来标志白兰地的酒龄也是不确切的。

② 标志和等级　所有干邑全都是白兰地，但是白兰地却并不都是干邑。因为干邑是指只利用法国开伦脱河流一带地区处种植的葡萄，并在当地采摘、发酵、蒸馏和储存所得的酒，受到法律的限制和保护。而在法国其他地区种植的同一品种葡萄，经酿造、蒸馏、储存得到的酒，即使工艺与干邑地区的相同，法律规定只允许说是白兰地，不能称为干邑。因此干邑是一个以地名定酒名的专用名词。干邑酒能在世界上赢得这样高的声誉是与它非常严格的质量控制有关的。它明确规定葡萄酒的品质，清楚界定种植葡萄的地区，规定葡萄的种类和酿酒规则的具体细节，不断改善蒸馏器材，以及控制木桶内存放时间等。

干邑酒基本分为三级。第一级为VS，也称三星级，酒龄至少2年。这种三星白兰地曾经盛行一时，但由于星星的多少，无法代表存储年份，当星的个数从1颗发展到5颗后，就不得不停止加星。然后由于竞争，各酒厂都想方设法不断提高质量，增加桶储年份，这就需要寻找一种新的表示方法。到20世纪70年代时，开始使用字母来分别酒质。例如：E代表Especial（特别的），F代表Fine（好），O代表Old（老的），S代表Superior（上好的），P代表Pale（淡的），X代表Extra（格外的），C代表Cognac（干邑）。因此第二级都是用大写字母来代表酒质优劣，例如

VSOP意思是Very Superior Old Pale，年龄至少4年。第三级为拿破仑（Napoléon），酒龄至少6年。凡是大于6年酒龄的称XO，意思是特醇。凡是大于20年的称顶级（Paradis），或称路易十三（Louis XⅢ）。需要说明的是，以上等级标志仅仅标志每个等级中酒的最低年龄，至于参与混配的酒之最高年龄，在标志上却看不出来。也就是说，一瓶XO级的白兰地，用以混配的每种蒸馏葡萄酒精，在橡木桶中的存储期都必须在6年以上，其中存储年份最长久的，可能是20年以上，也可能是40～50年，但究竟多少，无法知道，由各厂自行掌握，一瓶酒的年份及价值，除了等级标志，还同时从商标的等级上反映出来，因为只有老牌子的酒厂才会有存储年份很久的老龄酒，酒厂要保持自己的老牌子，也只有以保证质量来赢得顾客的信任，同时要提醒的是，“拿破仑”这个词，是一种酒质等级的标志，而不是商标名称。但后来也有酒厂以“拿破仑”来作自己牌号的，对此要注意区分。

（3）干邑白兰地的主要酒厂和产品

① 人头马集团（Remy Martin） 人头马集团于1724年创立，是著名的老字号干邑白兰地制造商。它以希腊神话中的半人半马作为家族的象征符号，他就是“肯达尔斯”，而其英姿则作为重要品种的酒瓶造型。人头马所出的高级品种“人头马马标”，采用由贝尔纳德公司制造的世界上少数具有烧焦痕迹的陶器酒瓶。人头马香槟干邑系列是世界公认的最著名的白兰地。其产品采用产自“Grand Champagne”大香槟区及“Petite Champagne”小香槟区的上等葡萄酿制而成，并始终严格控制品质，所以被法国政府冠以特别荣誉的名称——“特优香槟干邑”（Fine Champagne Cognac）。事实上，经过人头马超越两个世纪的历史实践，选用最优质的原料，加上人头马酿酒大师的丰富经验和艺术智慧，使得人头马成为当今世界顶尖级的干邑白兰地，历来均受世界各地饮家广泛的爱戴及赞誉。因此，以人头马形象出现的高质量产品一直稳占销量前列。

人头马VSOP特优香槟干邑，共经过两次蒸馏，然后放入橡木桶内储藏8年以上，为求酒质充分吸收橡木的精华，成为香醇美酒。

人头马CLUB特级干邑，是法国政府严格规定之干邑级别的拿破仑级，在桶内储藏超过12年，酒色金黄，通透宜人，这种颜色被称为琥珀色，是最佳干邑的标志。

人头马极品XO采用法国大小香槟区上等葡萄酿造并经多年储藏，酒味雄劲浓郁，酒质香醇无比。凹凸有致的圆形瓶身，典雅华贵，乃XO中之极品。

人头马黄金时代，瓶身金光闪耀，瓶颈部分，更用24K纯金镶嵌，并有线条细腻的花纹，显出高贵不凡的气派。而“金色年代”秉承了人头马的特优香槟干邑的特性，在橡木桶里储藏逾40年之久，又经过三代酿酒师的精心酿制，酒质馥郁纯厚，酒香更是细绵悠长。

人头马路易十三是采用产量最稀少、品质最上乘的葡萄酿造的顶级名酿，酒质浑然天成，醇美无瑕，芳香扑鼻，达至酿酒艺术的最高境界，而每年产量稀少，使人头马路易十三更稀罕珍贵。设计独特的酒瓶由驰名世界的百乐水晶玻璃厂以手工制造，再精雕细琢而成。

② 轩尼诗酒厂（Hennessy） 在法国干邑领域中，创建于1765年的轩尼诗可算是最优秀的一员。该厂的创办人李察·轩尼诗，原是爱尔兰的一位皇室侍卫，他在20岁时就立志要在干邑地区发展酿酒事业。经过六代人的努力，轩尼诗干邑的质量不断提高，产量不断上升，已成为干邑地区最大的三家酒厂之一。该厂深知木桶对干邑酒质的重要作用，因此特别重视橡木林的栽培和保养工作，目前它们的橡木林已足够供应酒厂所需橡木达百年以上。另外，轩尼诗厂是最早发明用星的多寡来定干邑酒质优劣的厂家，1870年，首次推出了以XO命名的轩尼诗。目前该厂的产品已牢牢扎根在亚洲市场。

③ 金花酒厂（Camus） 1863年，约翰·柏蒂·斯金花（Jean Baptise Camus）与他的好友在法国干邑地区创办金花酒厂，并应用“伟大的标记”（Lagrande Marque）为徽号。

金花白兰地酒厂是现在法国干邑地区中仅存的家庭企业酒厂中极少数酒厂之一。它的产品特点是品质轻淡，而且使用旧的橡木桶储酒老熟，目的是尽量使橡木的颜色和味道少渗入酒液中，由此形成的风格，比较别致。

金花酒厂在干邑的大香槟区（Grande Champange）及边缘区（Barderies）两个地区均拥有葡萄园。它以这两个地区生产的原葡萄蒸馏酒为主，再配合其他干邑各地区葡萄园的白兰地，互相调配而生产出各级干邑佳酿。三星级金花白兰地产量极少，VSOP级干邑，则以边缘区所酿的原酒为主，但是拿破仑级的干邑，其原酒则分别来大香槟区和小香槟区，然后进行调配而成，此外对另外一种更为高级的拿破仑特级（Napoléon Extra），却特地选用另外两个干邑小地区的原酒为主要成分，再精心调配而成。现今XO级的干邑产品，究竟选用什么地方的原酒就不得而知。不过在目前世界市场上，金花干邑始终以拿破仑产品及拿破仑特级佳酿最受人们欢迎。

金花酒厂很重视酒瓶的包装，他们为打开亚洲市场，特别是中国市场，推出了多种漂亮的瓷瓶包装，以专门吸引收藏家的兴趣。

④ 拿破仑酒厂（Courvoisier Cognac） 拿破仑干邑白兰地是法国干邑区名酿。远在19世纪初期已深受拿破仑一世欣赏，到1869年被指定为拿破仑宫廷御用美酒。由于品质优良，产品广泛销售到世界160多个国家，并获得许多奖牌。在它们的干邑酒瓶上别出心裁地印有拿破仑塑像投影，而成为大家熟悉的干邑极品标志。自1988年以来，他们进一步选用法国著名艺术大师伊德的七幅作品，把它们逐一投影在干邑酒瓶上，这七幅画是伊德出于对拿破仑干邑白兰地的热爱和认识，特地为拿破仑干邑白兰地酒设计的。

第一版名为《葡萄树》，选用洋溢绮丽的暖红色调，显示法国干邑地区葡萄园的无穷魅力。第二版名为《丰收》，以手持葡萄串的少女，在祥和的阳光下祝福，呈现一片富饶景象。第三版名为《精炼》，运用灼烧的火焰，描述蒸馏白兰地的工艺过程。第四版名为《待陈》，以优雅的人像凝视橡木桶中的陈年白兰地，象征拿破仑干邑白兰地的珍贵。第五版名为《品尝》，透过玻璃器皿中回旋的白兰地酒，激发您欣赏的欲望。第六版名为《馥郁》，展现羽扇轻摇，身穿紫袍的雅丽舞姬，从琥珀色的液体中冉冉升起的形象，表达了拿破仑干邑白兰地的珍贵特性。第七版的画面在1994年与世人见面。

这多种不同画面的拿破仑干邑白兰地，被简称为伊德（Exte）珍藏系列产品，其储藏的年份可追溯至伊德的诞生之年——1892年，而且每一版本的酒仅向全球推出12000瓶。第一版于1988年首次在美国纽约向全球推出；第二版于1989年在法国巴黎推出；第三版于1990年在荷兰阿姆斯特丹推出；第四版于1991年在意大利米兰推出；第五版于1992年在泰国曼谷推出；第六版于1993年在中国上海推出。

⑤ 法国百事吉酒厂（Bisquit） 该厂创立于1819年，已有170余年酿制干邑的经验。百事吉酒厂拥有干邑区内最广阔的葡萄园地，是最早具规模的大蒸馏酒厂，以及全部由自己手工精制的储存干邑酒所需要的橡木桶，以确保干邑酒的整个酿制工艺中的每一步骤都能一丝不苟地进行，其酒质馥郁醇厚。

百事吉酒厂酒库内储藏的陈年干邑，其储藏量极为丰厚，足够提供调配各级干邑产品所能需的不同酒龄干邑原酒，故而能完全保证产品质量。外包装和玻璃瓶配合钻石型系列装潢，显得高贵出众。

由于大香槟区得天独厚的气候和土壤条件，加上百事吉酒厂对干邑的丰富的酿制经验，该厂特别推出一种名为“百事吉世纪珍藏”（Bisquit Privilege）的珍品。据介绍，它的每一滴酒液都经过100年以上的酿藏，经过缜密的调配，酒香馥郁扑鼻，质醇浓，入口似丝绸般的柔顺，余韵绵长，酒精度41.5%，是完全天然老熟的结果，绝无人工加水稀释的痕迹。

“百事吉世纪珍藏”的包装极为精心讲究，采用Daum的著名水晶玻璃瓶，其特点是水晶玻璃纯洁异常，雕刻工艺高超，并配有设计高雅的精致木盒，可谓酒、瓶、盒三者相得益彰。此酒每年只生产极少数量，配售给全球各国市场。

⑥ 威来酒厂（Renault） 该厂是法国干邑地区历史悠久的酒厂之一，产品均以高级陈年酒为主，最低级干邑产品为VSOP。该厂对包装特别讲究，采用古董车造型的瓷质酒瓶包装，外形高贵、典雅、独特，色泽分金漆、蓝宝石和纯乳白色，车型又分大型和小型两种，车内盛装远年干邑，广受干邑收藏家欢迎。

⑦ 奥吉尔酒厂（Augier） 该厂创立于1643年，是世界上最古老的干邑酒厂之一。其著名产品奥吉尔VSOP干邑酒，采用传统酿酒技术，在利莫辛（Limousin）橡木桶中醇化20～30年，再经经验丰富的酿酒师精心调配而成，具有平滑顺畅的口味。此外，奥吉尔拿破仑级的干邑产品，在橡木桶中储藏必须超过5年，再经过精心调配，入口柔顺，齿颊留香，深受饮者喜爱。

⑧ 马爹利公司（Martell） 1715年生于英法海峡上的贾济岛的尚·马爹利来到了法国的干邑，并创办了马爹利公司。马爹利热心培训酿酒师，并自己从事酒类混合工作，使得他所酿制的白兰地，具有“稀世罕见之美酒”的美誉。该公司一直由

马爹利家属世代经营，是少数保持纯粹血统的名门企业之一。

该公司生产的三星级和VSOP级产品，是世界上最受欢迎的白兰地之一，在日本的销量一直处于前三名。该公司在中国推出的名士马爹利、XO马爹利和金牌马爹利，均受到了欢迎。

⑨ 路易老爷（Louis Royer） 创办于1853年的路易老爷在干邑白兰地的二百多个牌子中跻身于前十位。

路易老爷家族继承人百多年来凭着丰富的经验及祖传秘方，酿制出无数香醇芬芳的陈年佳酿，每一位家族继承人都相信只有最出色的极品葡萄，才能酿出传颂的极品佳酿，因此每年他们都要派专人亲自到园里精选顶级葡萄。

路易老爷拥有自己的葡萄园，因此能够从一开始就控制葡萄的品质，并且拥有足够的储存。路易老爷XO级酒质极佳，年份中最陈的可达20～22年。

2. 雅文邑白兰地（Armagnac Brandy）

（1）雅文邑白兰地的产区及特点 雅文邑是港澳地区的译音，通常译为亚曼涅克。雅文邑位于干邑南部，即法国西南部的热尔省（Gers）境内，它所采用的葡萄品种与干邑酒是一样的，都为白玉霓（Ugni Blanc）和白福儿（Folle Blanche）。该地区的土壤是沙质的。雅文邑与干邑两地产的白兰地口味有所不同，主要原因如下：干邑酒的初次蒸馏和第二次蒸馏是分开进行的，而雅文邑则是连续进行的；另外干邑酒储存在利莫辛（Limousin）木桶中，而雅文邑白兰地则是储藏在黑木桶（Black Oak）酒桶中老熟的。雅文邑白兰地虽没有干邑著名，但风格与其很接近，酒体呈琥珀色。因其储存时间较短，所以口味烈。陈年或远年的雅邑白兰地酒香袭人，风格稳健沉着，醇厚浓郁，回味悠长，留杯持久，有时可达一星期之久，酒度为43%。当地人更偏爱雅文邑。雅文邑也是受法国法律保护的白兰地品种。只有雅文邑当地产的白兰地才可以在商标上冠以Armagnac字样。雅文邑白兰地的名品有卡斯塔浓（Castagnon）、夏博（Chabot）、珍尼（Janneau）、索法尔（Sauval）、桑卜（Semp）。

（2）雅文邑白兰地的主要酒厂和产品

① 法国爱德诗酒厂（Adet Sward） 法国爱德诗酒厂创立于1852年，由法国罗兰爱德和夏利诗两人在波尔多合资设厂而生产，其后人秉承传统的酿酒技术使产品行销世界百余个国家。该厂的产品有蜂巢（Beehive）大三星白兰地，选用波尔多最优良葡萄酿制，其销售网遍布世界各地，尤其是在东南亚受欢迎。此外尚有蜂皇VSOP白兰地、多寿拿破仑白兰地以及特醇拿破仑白兰地。

② 梦特娇酒厂（Marquis de Montesquiou） 该厂创立于三百年前，其创业者是大仲马小说《三剑客》中主要人物达尔尼安的直系子孙。长期来，该厂严格保持雅文邑的水准，产品有水晶形XO级和扁圆磨砂两种，受到消费者喜爱。

3. 马尔白兰地（Marc Brandy）

法国人称它为Eau de Vie Marc，简称Marc，因其最后一个C字不发音，故叫马尔。它是用制造葡萄酒时所剩下的葡萄渣蒸馏获得的，故而它属于果渣白兰地。它透明无色，有明显的果香，口感凶烈，刺激性大，后劲足，较容易上头，酒度是68% ～ 71%，宜作餐后酒。在法国全国都有生产，但都是当地产销，而以勃艮第（Burgundy）出产的质量最好。主要名品酒有布根地马尔白兰地（Marc de Bourgogne）、法兰西孔台马尔酒（Marc Franche-Comtee）、香槟志老马尔酒（Vieux Marc de Champagne）。

4. 其他国家白兰地

（1）西班牙白兰地　西班牙白兰地的质量仅次于法国，居世界第二位。它是用雪莉酒蒸馏，橡木桶储存而成。它的口味与法国干邑和雅文邑大不相同，具有较显著的甜味和土壤味。

（2）葡萄牙白兰地　葡萄牙白兰地也是用雪莉酒蒸馏而得的，与西班牙白兰地十分相似。该国的雪莉酒由Douro地区栽培的葡萄制成葡萄酒，然后再蒸馏成白兰地。

（3）美国白兰地　美国白兰地自1993年起，全都是在加利福尼亚州生产。它是用当地葡萄酒蒸馏得到的酒储存在橡木桶中。酒龄最少为2年，一般是2 ～ 4年，也有多达 8 年的陈白兰地上市。

（4）秘鲁白兰地　秘鲁生产白兰地的历史也相当久远。一般不称它为白兰地，而叫它为Pisco，是以秘鲁南方的港口名命名的。其实，这个名字还有另外的意思，Pisco指的是南美洲一个会制作独特酒瓶的种族名字。这个民族善于制造一些黑色的造型陶器，当地所产的白兰地，大多采用这种陶瓶来盛装，日子一久，大家便称这种酒为Pisco。尽管现在都用玻璃瓶来包装秘鲁白兰地了，但还是按习惯称之为Pisco。它是采用Pisco港口附近的伊卡尔山谷中栽培的葡萄为原料，酿成白葡萄酒，再蒸馏而成。它采用陶罐储存，不使用橡木酒桶，储存期限很短。

（5）德国白兰地　德国白兰地的特点是醇美。因为德国生产葡萄酒的量较少，因此它除了利用国内生产的少量葡萄酒来蒸馏白兰地外，多数是进口法国葡萄酒后再生产白兰地，同时也用法国的橡木桶来储存白兰地以增色、添香。

（6）南非白兰地　南非白兰地是采用白葡萄新酒蒸馏而成。在蒸馏前须经过政府批准许可才可动工。对蒸馏得到的白兰地，至少要用橡木桶储存3年，才能包装上市。陈酿5年的白兰地叫Cape Brandy，可与任何著名的白兰地媲美。在该国市场上可以买到陈10年的白兰地，味道特别醇美可口，但很少出口，因此知名度不高。

（7）希腊白兰地　希腊的白兰地大多数出口国外销售，并深受大家喜爱。Metaxa是希腊最有名的白兰地，由S・E・A・Metaxa酒厂制造。该厂建于1888年，以厂名定酒名，在它的标贴上还有一个特别之处，那就是它用七颗五角星来表示陈年的久远。希腊与葡萄牙、西班牙一样也生产强化葡萄酒，就是使用葡萄酒精（即白兰地）来抑制葡萄汁发酵，而使酒中保留糖分的方法。希腊白兰地用焦糖着色，因此酒色较深。

（8）中国白兰地　一百多年前，张弼士先生创办张裕的时候，就是一个标准的酒庄概念，他用300万两白银，买下烟台东部、西南部两座荒山，开辟出1200亩（$1hm^2$=15亩）葡萄园，栽上了从欧洲购买的25万株葡萄树，那是一个带有现代工业色彩的中国酒庄，中国最早的葡萄酒酒庄。

1915年国产白兰地“可雅”在太平洋万国博览会上获金奖，我国有了自己品牌的优质白兰地，“可雅白兰地”也从此更名为“金奖白兰地”。

（四）白兰地的饮用与服务

1. 白兰地的饮用

要真正领略白兰地的韵味，就要有正确的品尝方法。白兰地的品尝大致可以分为三步：第一步是看酒的清澈度与颜色。上乘白兰地为琥珀色、晶莹透明、庄重而不娇艳。第二步是闻香。白兰地除具有葡萄原料的果香外，还具有酒与橡木结合而产生的香气，这种香气虽经加水冲稀仍能保持原来的香气特点，而用香料配成的酒香气浮，不醇和，并且无储存的橡木香，冲稀即变味。通过闻香，白兰地质量的好坏可以确定60%。第三步也是最关键的一步，就是入口。第一口用舌尖抿一小滴，让其沿舌尖蔓延至整个舌头，再进入喉咙。第二口可以稍多些，进一步领略温柔醇香的独特感觉。对广大消费者来说，学一点白兰地的品尝知识，对鉴别白兰地的好坏真伪，提高欣赏白兰地的能力是很有好处的。

2. 白兰地的服务

（1）白兰地酒杯　饮用白兰地要用白兰地酒杯，酒杯呈大肚窄口，矮脚。要充分享用白兰地，闻是享受的主要部分，当白兰地倒入窄口大肚的白兰地杯子后，酒的香味能长时间地回留在杯内，窄口就起到限制散味的作用。喝酒时需要用手握酒杯轻轻晃动，使掌心和杯肚接触，让掌心的热量慢慢传入酒杯中，使酒的芳香飘溢在大肚酒杯的空间内。倒在杯子里的白兰地一般以一盎司最为适宜，也就是把酒杯横放于桌面上，而酒液不溢出为准。

（2）饮用方法　比较讲究的白兰地饮用方法是净饮，用白兰地酒杯，另外用水杯配一杯冰水，喝时用手掌握住白兰地酒杯杯壁，让手掌的温度经过酒杯稍微暖和一下白兰地，让其香味挥发，充满整个酒杯，边闻边喝，才能真正地享受饮用白兰地酒的奥妙。冰水的作用是，每喝完一小口白兰地，喝一口冰水，清新味觉，能使下一口白兰地的味道更香醇。

白兰地被广泛用作鸡尾酒的基酒，常与利口酒、果汁、碳酸饮料、牛奶、矿泉水、鸡蛋等一起调制成各种鸡尾酒。

二、威士忌酒（Whisky或Whiskey）

（一）威士忌的起源

威士忌是从英文Whisky或Whiskey直译而来。炼金术始于四世纪左右，在埃及一带整合为一系统，向西扩展到非洲北部，并于中世纪初期传到了西班牙。在这漫长的流传过程中，偶然发现在炼金术用的坩埚（熔炉）中放入某种发酵液会产生酒精度数很高的液体，这便是人类初次获得蒸馏酒的经验。炼金术士把这种酒以拉丁语命名为Aqua-Vitae（生命之水），且视为是长生不老的秘方至宝。之后，这种“生命之水”的制法越过海洋，传到了北方的爱尔兰。爱尔兰人把当地的麦酒蒸馏后，得到了烈酒。这块土地上的人们把他们制造出的“生命之水”用自己的语言直接译为Uisge-beatha，这便是威士忌的起源，也被认为是威士忌名称的由来。

因此，“威士忌”一词是古代居住在爱尔兰和苏格兰高地的塞尔特人（Celt）的语言，古爱尔兰人称此酒为Visge Beatha，古苏格兰人称为Visage baugh。经过年代的变迁，逐渐演变成今天的Whisky一词。不同的国家对威士忌的写法也有差异，在爱尔兰和美国写成Whiskey，而在苏格兰和加拿大则写成Whisky，发音区别在于尾音的长短。“威士忌”一词，同样意为“生命之水”。

（二）威士忌的制作工艺

威士忌的酿制是将上等的大麦浸于水中，使其发芽，再用木炭烟将其烘干，经发酵、蒸馏、陈酿而成。储陈过程最少3年，也有多至15年以上的。经二次蒸馏过滤的原威士忌，必须经酿酒师鉴定合格后，才可放入酒槽，注入炭黑橡木桶里储藏酝酿。由于橡木本身的成分及透过橡木桶进入桶内的空气，会与威士忌发生作用，使酒液得以澄清，口味更加醇化，产生独一无二的酒香味，并且会使酒染上焦糖般的颜色，以及略带微妙的烟草味。

（三）威士忌的分类

几百年来，威士忌大多是用纯麦芽酿造的。直至1831年才诞生了用玉米、燕麦等其他谷类所制的威士忌。到了1860年，威士忌的酿造又出现了一个新的转折点，人们学会了用掺杂法来酿造威士忌，所以威士忌因原料不同和酿制方法的区别可分为纯麦芽威士忌、谷物威士忌、五谷威士忌、裸麦威士忌和混合威士忌五大类。许多国家和地区都有生产威士忌的酒厂，生产的威士忌酒更是种类齐全、花样繁多。其中最著名、最具代表性的威士忌分别是苏格兰威士忌、爱尔兰威士忌、美国威士忌和加拿大威士忌四大类。

1. 苏格兰威士忌（Scotch Whisky）

（1）苏格兰威士忌的产生　苏格兰威士忌是指英国北部苏格兰地方酿造的威士忌。根据现存资料，1494年苏格兰财政部就有关于“生命之水”的原料——大麦麦芽的记载。当时的政府曾对威士忌蒸馏业者课以重税，业者为了逃避税吏耳目，遂潜伏深山老林，进行私酿。此时，为烘干大麦麦芽，只好利用荒山野林中取之不尽的泥煤为燃料。此外，蒸馏出来的威士忌不能公开销售，所以在买主到来之前，只能匿藏在弃置不用的雪莉酒酒桶中。然而，出乎意料的是，如此下策却反而提升了威士忌的品质。泥煤的烟味使威士忌更加爽口，形成独特的芳香。用雪莉酒酒桶长期储存，则使威士忌变成琥珀色，同时，也为威士忌带来一种醇厚感，成就了苏格兰威士忌的一世英名。

（2）苏格兰威士忌的特点　苏格兰威士忌的优秀品质，主要源于两个方面：高原独有的气候、特有的泥煤。在苏格兰山清水秀的土地上，蕴藏着由世上稀有的苔藓类植物变化而成、色泽黑亮的泥煤。将这种黑泥从地下或干枯的河中挖出、晒干后作燃料熏烤麦芽，会产生一种特异的甜香。泥煤在苏格兰麦芽厂和威士忌酒厂扮演着一个很突出的角色，它是威士忌香味的一个主要来源。除此之外，还要有良好的水源、优质的大麦以及技术精湛的酒厂等。

苏格兰威士忌具有独特的风格：色泽棕黄带红，清澈透明，气味焦香，略带烟熏味的特色，而且口感甘洌、醇厚、劲足、圆正绵柔，酒度一般在40%～43%之间。衡量苏格兰威士忌的重要标准是嗅觉的感受，即酒香气味。苏格兰威士忌必须陈年5年以上方可饮用，普通的成品酒需储存7～8年，醇美的威士忌需储存10年以上，通常储存15～20年的威士忌是最优质的，这时的酒色、香味均是上乘的。储存超过20年的威士忌，酒质会逐渐变次，但装瓶以后，则可保持酒质长久不变。苏格兰威士忌是世界上最好的威士忌之一。

在苏格兰有四个生产威士忌的区城，即高地（High land）、低地（Low land）、康倍尔镇（Campbel town）和伊莱（Islay），这四个区域生产的产品各有其独特风格。

（3）苏格兰威士忌的分类　苏格兰威士忌分为纯威士忌（Straight Whisky）和混合威士忌（Blended Whisky）两大类。所谓纯威士忌是以一种原料加工酿制而成的，通常指纯麦威士忌（Straight Malt Whisky），而混合威士忌通常指的是谷物威士忌（Grain Whisky）与兑和威士忌（Blended Scotch Whisky）。

① 纯麦威士忌（Straight Malt Whisky）　纯麦威士忌是以在露天泥煤上烘烤的大麦芽为原料，经发酵后，用罐式蒸馏器蒸馏，然后装入特别的木桶（由美国的一种白橡木制成，内壁需经火烤炙后才能使用）中陈酿，装瓶前加以稀释，酒度在40%以上。大多数人认为，这种纯麦威士忌的泥煤味太浓了，不太被接受，而混合威士忌原有的麦芽味已经被冲淡，嗅觉上更为吸引人。所以提到威士忌，多数是指混合威士忌而言的。较著名的纯麦威士忌的品牌有格兰菲蒂切（Glenfiddich）、托玛亭（Tomatin）、卡尔都（Cari Hu）、格兰利非特（Glen Livet）、不列颠尼亚（Britain Nia）、马加兰（Macallan）、高地派克（High Land Park）、阿尔吉利（Argrli）、斯布林邦克（Spring Bank）。

② 谷物威士忌（Grain Whisky）　谷物威士忌是以燕麦、小麦、黑麦、玉米等谷物为主料。大麦只占20%，主要用来制麦芽，作为糖化剂使用。谷物威士忌的口味很平淡，几乎和食用酒精相同，属清淡型烈酒，多用于勾兑其他威士忌酒，谷物威士忌很少零售。

③ 兑和威士忌（Blended Scotch Whisky）　兑和威士忌是用纯麦威士忌、谷物威士忌或食用酒精勾兑而成的混合威士忌。勾兑时加入食用酒精者，一般在商标上

都有注明。勾兑威士忌是一门技术性很强的工作，通常是由出色的兑酒师来掌握。在兑和时，不仅要考虑到纯粮酒液、杂粮酒液的兑和比例，还要照顾到各种勾兑酒液的年龄、产地、口味及其他特征。威士忌的勾兑不同于Cognac（干邑），它在勾兑时，不用口品尝，而是用嗅觉判断来勾兑，在气味分辨遇到困难时，取一点酒液涂于手背上，使其香味挥发，再仔细嗅别鉴定。著名的厂家，凭其出色的酿酒师的经验和技术，独到而保密的勾兑方式，调制出比原来各种个别原料更令人畅快的新口味来。据不完全统计，苏格兰威士忌约有2000多种勾兑方式，但只有100种左右的苏格兰威士忌，在勾兑后能达到卓越的水平。在英国名气最大，产量又最高的牌子"红方"、"黑方"则是由40种不同的原酒样品勾兑而成的，经勾兑混合、储存若干年后的威士忌，烟熏味则被冲淡，香味更加诱人。

兑和威士忌通常有普通和高级之分。一般来说，纯麦威士忌用量在50%～80%之间者，为高级兑和威士忌。如果谷物威士忌所占的比重大于纯麦威士忌，即为普通威士忌。高级威士忌兑和后要在橡木桶中储存12年以上，而普通威士忌在兑和后储存8年左右即可出售。

普通威士忌（Standard Whisky）名品有特醇百龄坛（Ballantine's Finst）、金铃威（Be11's）、红方威（Johnnie Walker Red Lable）、白马威（White Horse）、龙津威（Long John）、先生威（Teacher's）、珍宝（J & B）、顺风威（Cutty Sart）、维特（Vat69）。

高级威士忌（Premium Whisky）名品有金玺百龄坛（Ballantine's Gold Sed）、百龄坛30年（Ballantine's 30 Years Old）、高级海格（Haig Dimple）、格兰（Grant's）、高级白马（Logan's）、黑方威（Johnnie Walker Black Lable）、特级威士忌（Something Special）、高级詹姆斯·巴切南（Strat Bconon）、百龄坛17年（Ballantine's 17 Years Old）、老牌（Old Parr）、芝华士（Chivas Regal）、皇家礼炮（Chivas Regal Royal Salute）等。

2. 爱尔兰威士忌（Irish Whiskey）

爱尔兰威士忌为威士忌之鼻祖。据说，1171年英格兰亨利二世率军队渡海来爱尔兰岛时，此地已有称为"生命之水"的蒸馏酒，所以可以推断此酒即威士忌的前身，威士忌一词也来源于此。所以，一些专家和权威人士认为蒸馏技术起源于爱尔兰，而后传到苏格兰的。

爱尔兰威士忌是以80%的大麦为主要原料，混以小麦、黑麦、燕麦、玉米等为配料，制作程序与苏格兰威士忌大致相同，但不像苏格兰威士忌那样要进行复杂的勾兑。另外，爱尔兰威士忌在口味上没有那种烟熏味道，是因为在熏麦芽时，所用的不是泥煤而是无烟煤。爱尔兰威士忌陈酿时间一般为8～15年，成熟度也较高，因此口味较绵柔长润，并略带甜味。蒸馏酒液一般高达86%，用蒸馏水稀释后陈酿，装瓶出售时酒度为40%，名品有约翰·波尔斯父子（John Power and Son）、老布什米尔（Old Bush Mills）、约翰·詹姆森父子（John Jameson and Son）、帕蒂

（Paddy）、特拉莫尔露（Tullamore Dew）等。

3. 美国威士忌（American Whiskey）

在美国这块土地上开始制造蒸馏酒，是17世纪前后的事。从欧洲来的移民带来了蒸馏技术。初期的美国威士忌，以裸麦为原料，18世纪末起也开始使用玉米。据说1783年Evan Williams在肯塔基州用裸麦加玉米的方式制造蒸馏酒。然而，一般认为真正的玉米威士忌，是在1789年，由肯塔基的牧师Elijah Craig以玉米为主要原料制成。

美国威士忌与苏格兰威士忌在制法上大致相似，但所用的谷物不同，蒸馏出的酒精纯度也较苏格兰威士忌低。

（1）纯威士忌（Straight Whiskey） 纯威士忌（Straight Whiskey）是指不混合其他威士忌或谷类制成的中性酒精，以玉米、黑麦、大麦或小麦为原料，制成后储放在炭化的橡木桶中至少两年。此酒又细分为四种。

① 波本威士忌（Bourbon Whiskey） 波本是美国肯塔基州（Kentucky）的一个地名，所以波本威士忌，又称Kentucky Straight Bourbon Whiskey，它是用51%～75%的玉米谷物发酵蒸馏而成的，在新的内壁经烘炙的白橡木桶中陈酿4～8年，酒液呈琥珀色，原体香味浓郁，口感醇厚绵柔，回味悠长，酒度为43.5%。波本威士忌并不意味着必须生产于肯塔基州波本县。按美国酒法规定，只要符合以下三个条件的产品，都可以用此名：第一，酿造原料中，玉米至少占51%；第二，蒸馏出的酒液度数应在40%～80%范围内；第三，以酒度40%～62.5%储存在新制烧焦的橡木桶中，储存期在2年以上。所以伊利诺、印第安那、俄亥俄、宾夕法尼亚、田纳西和密苏里州也出产波本威士忌，但只有肯塔基州生产的才能称Kentucky Straight Bourbon Whiskey。

② 黑麦威士忌（Rye Whiskey） 黑麦威士忌是用51%以上的黑麦及其他谷物制成的，颜色为琥珀色，味道与波本不同，略感清冽。

③ 玉米威士忌（Corn Whiskey） 玉米威士忌是用80%以上的玉米和其他谷物制成，用旧的炭橡木桶陈储。

④ 保税威士忌（Bottled in Bond） 保税威士忌（Bottled in Bond）是一种纯威士忌，通常是波本或黑麦威士忌，是在美国政府监督下制成的。政府不保证它的质量，只要求至少陈储四年，酒精纯度在装瓶时为100Proof（1Proof=1%），必须是一个酒厂所造。装瓶也为政府所监督。

（2）混合威士忌（Blended Whiskey） 混合威士忌（Blended Whiskey）是用一种以上的单一威士忌，以及20%的中性谷物类酒精混合而成的。装瓶时酒度为40%，常用作混合饮料的基酒，共分三种。

① 肯塔基威士忌 肯塔基威士忌是用该州所产的纯威士忌和中性谷物类酒精混合而成的。

② 纯混合威士忌 纯混合威士忌是用两种以上的纯威士忌混合而成的，但不

加中性谷物类酒精。

③ 美国混合淡质威士忌　美国混合淡质威士忌是美国的一种新酒种，用不得多于20%纯威士忌和80%的酒精纯度为100Proof的淡质威士忌混合而成。

（3）淡质威士忌（Light Whiskey）　淡质威士忌（Light Whiskey）是美国政府认可的一种新威士忌，蒸馏时酒精纯度高达161 ～ 189Proof，口味清淡，用旧桶陈年。淡质威士忌所加的100Proof的纯威士忌用量不得超过20%。

此外，在美国还有一种酒称为Sour-Mash Whiskey，这种酒是用老酵母加入要发酵的原料里蒸馏而成的，其新旧比率为1 ∶ 2。此酒发酵的情况比较稳定，而且多用在波本酒中，是由比利加·克莱（Belija Craig）在1789年所发明使用的。

美国威士忌的名品有美格波本威士忌（Maker's Mark）、天高（Ten High）、四玫瑰（Four Roses）、杰克·丹尼（Jack Danie）、西格兰姆斯7王冠（Seagvam's 7 Crown）、老祖父（Old Grand Dad）、老皇冠（Old Crown）、老林头（Old Forster）、老火鸡（Old Turkey）、伊万·威廉斯（EvanVilliams）、占边（Jim Bean）、野火鸡（Wild Turkey）、老处女（Old Virgin）等。

4. 加拿大威士忌（Canadian Whisky）

加拿大威士忌在世界四大威士忌之中，其口感最为轻快，是清淡温和型威士忌的代表。

加拿大生产威士忌始于1763年，那时英国移民逐渐在这里安家落户。1775年美国独立战争爆发之后，随着英籍移民人数剧增，面粉制造业也繁荣起来，其中部分业者业余兼酿威士忌，由于越做越兴旺，有人干脆改行，正式开启了加拿大酿威士忌的历史。

在加拿大，大规模生产威士忌是始于美国实施禁酒法的1920年。当时主要销售对象是借旅行的名义跑到加拿大寻酒喝的美国人，禁酒法解除之后，它又迅速地打入美国市场。

目前加拿大威士忌的生产方法是先酿制调味威士忌（Flavoring Whisky）和基础威士忌（Base Whisky）两种原酒，然后将两者按不同的比例调和起来，形成各式各样的威士忌。调味原酒其原料以裸麦为主，连续式蒸馏之后，再采用单式蒸馏机进行蒸馏，此酒气味香醇。基础威士忌是以玉米为主要原料，经连续式蒸馏之后，其酒质极为澄清洁净。两者均需独自成熟3年以上，然后才能调和勾兑。

加拿大威士忌在国外比国内更有名气，它的原料构成受到国家法律条文的制约。主要酿制原料为玉米、黑麦，再掺入其他一些谷物原料。但没有一种谷物超过50%，并且各个酒厂都有自己的配方，比例都保密。加拿大威士忌在酿制过程中需两次蒸馏，然后在橡木桶中陈酿2年以上，再与各种烈酒混合后装瓶，装瓶时酒度为45%。一般上市的酒都要陈酿6年以上，如果少于4年，在瓶盖上必须注明。加拿大威士忌酒色棕黄，酒香芬芳，口感轻快爽适，酒体丰满，以淡雅的风格著称。

据专家分析，加拿大威士忌味道独特的原因，主要有以下几点：第一，加拿大较冷的气候影响谷物的质地；第二，水质较好，发酵技术特别；第三，蒸馏出酒后，马上加以兑和。加拿大威士忌的名品有加拿大俱乐部（Canadian Club）、西格兰姆斯特醇（Segram's VO）、米·盖伊尼斯（Me Guinness）、辛雷（Schenley）、怀瑟斯（Wiser's）、加拿大之家（Canadian House）、数8（Number 8）等。

（四）威士忌的饮用与服务

1. 酒杯与分量

在饮用威士忌时用古典杯服侍，这种宽大而不深的平底杯，更利于威士忌风格的表现。威士忌标准用量为每份40mL。

2. 饮用方法

苏格兰威士忌在餐前或餐后饮用，可纯饮，也可加冰、加水或用来调制鸡尾酒。

爱尔兰威士忌口味比较醇和、适中，所以人们很少用于净饮，一般用作鸡尾酒的基酒。比较著名的爱尔兰咖啡（Irish Coffee），就是以爱尔兰威士忌为基酒的一款热饮。其制法是，先用酒精炉把杯子温热，倒入少量的爱尔兰威士忌，用火把酒点燃，转动杯子使酒液均匀地涂于杯壁上，加糖、热咖啡搅拌均匀，最后在咖啡上加上鲜奶油，同一杯冰水配合饮用。

美国威士忌的饮用方法与苏格兰威士忌大致相同，有时也常加可乐兑饮。

加拿大威士忌在餐前或餐后饮用，可纯饮也可兑入可口可乐或七喜汽水饮用。

三、金酒（Gin）

金酒是一种以谷物为主要原料的蒸馏酒，因金酒是以杜松子为调香料，故又称其为杜松子酒。这种酒在世界上名字很多，荷兰人和称之为“Genever”，英国人叫“Hollands”或“Gin”，在德国叫“Wachodar”，法国人称之为“Geneviere”，比利时人称之为“Jenevers”。在国内也有不同翻译方法，香港、广东译为“毡酒”，台湾译为“琴酒”，内地称之为“金酒”。

（一）金酒的起源

金酒并不是偶然的发明，它是人类有特殊目的的创造。1660年，在荷兰莱顿大学有位名叫西尔维亚斯（Sylvius）的教授发现杜松子（Juniper Berry）有利尿的作用，就将其浸泡于食用酒精中，再蒸馏成含有杜松子成分的药用酒。最初是作为利尿、清热的药剂使用，不久人们发现这种利尿剂香气和谐、口味协调、醇和温雅、酒体洁净，具有净、爽的自然风格，很快就被人们作为正式的含酒精饮料饮用。金酒的怡人香气主要来自具有利尿作用的杜松子。经临床试验证明，这种酒还具有健胃、解热等功效。于是，他将这种酒推向市场，受到消费者普遍喜爱，并把它称之“Genever”，这一名词在荷兰一直沿用至今。该酒诞生不久，英国海军将杜松子酒带回伦敦，很快就打开了销路；很多制造商也开始生产金酒，但为了符合英语发音的要求，将其称之为“Gin”，随着技术的不断改进，英国金酒成为与荷兰金酒风味不同的干型烈性酒。

（二）金酒的制作工艺

金酒生产所用的香料除杜松子外还有许多，如芫荽、菖蒲根、小豆蔻、当归、香菜子、茴香、甘草、橘皮、八角茴香及杏仁等，蒸馏增香后，一般可进行稀释，不必储存。金酒的制法主要有以下三种：第一，浸蒸法。将香料加入食用酒精中浸泡后进行蒸馏。第二，串蒸法。将香料置于装有酒精的蒸馏锅上面的“香味器”内进行蒸馏，使酒气将香料成分带入酒中。第三，共酵法。将杜松子粉碎后与谷物原料一起拌料、糖化、发酵、蒸馏。各厂均有秘而不宣的配方和生产工艺。金酒不用陈酿，但也有的厂家将原酒放到橡木桶中陈酿，从而使酒液略带金黄色。金酒的酒度一般在35% ～ 55%之间，酒度越高，其质量就越好。比较著名的有荷式金酒、英式金酒和美式金酒。

（三）金酒的分类

世界金酒的品种按照产地主要可分为荷式金酒、英式金酒、美式金酒和其他金酒。金酒按口味风格可分为辣味金酒（干金酒）、老汤姆金酒（加甜金酒）、荷兰金酒和果味金酒（芳香金酒）四种。辣味金酒质地较淡、清凉爽口，略带辣味，酒度约在80 ～ 94Proof之间，老汤姆金酒是在辣味金酒中加入2%的糖分，使其带有怡人的甜辣味；荷兰金酒除了具有浓烈的杜松子气味外，还具有麦芽的芬芳，酒度通常在100 ～ 110Proof之间；果味金酒是在干金酒中加入了成熟的水果和香料，如柑橘金酒、柠檬金酒、姜汁金酒等。

1. 荷式金酒

荷式金酒产于荷兰，主要产区为斯希丹（Schidam）一带，金酒是荷兰的国酒。它是以大麦芽与裸麦等为主要原料，配以杜松子为调香材料，经发酵后蒸馏三次获得的谷物原酒，最后将精馏得到的酒，储存于玻璃槽中待其成熟，包装时再稀释装瓶。荷式金酒色泽透明清亮，酒香味突出，香料味浓重，辣中带甜，风格独特。

无论是纯饮或加冰都很爽口，酒度为52%左右。因香味过重，荷式金酒只适于纯饮，不宜作混合酒的基酒，否则会破坏酒品的平衡香味。

荷式金酒在装瓶前不可储存过久，以免杜松子氧化而使味道变苦。而装瓶后则可以长时间保存而不降低质量。荷式金酒常装在长形陶瓷瓶中出售。新酒叫Jonge，陈酒叫Oulde，老陈酒叫Zeet Oulde。比较著名的品牌有亨克斯（Henkes）、波尔斯（Bols）、波克马（Bokma）、邦斯马（Bomsma），哈瑟坎坡（Hasekamp）等。

2. 英式金酒

大约是在17世纪，威廉三世统治英国时，发动了一场大规模的宗教战争，参战的海军士兵将金酒由欧洲大陆带回英国。1702 ～ 1704年，当政的安妮女王对法国进口的葡萄酒和白兰地课以重税，而对本国的蒸馏酒降低税收。金酒因而成了英国平民百姓的廉价蒸馏酒。另外，金酒的原料低廉，生产周期短，无需长期陈储，因此经济效益很高，不久就在英国流行起来。

英式金酒的生产过程较荷式金酒简单，它用食用酒槽和杜松子及其他香料共同蒸馏而得干金酒。由于干金酒酒液无色透明，气味奇异清香，口感醇美爽适，既可单饮，又可与其他酒混合配制或作为鸡尾酒的基酒，所以深受世人的喜爱。英式金酒又称伦敦干金酒，属淡体金酒，意思是指不甜，不带原体味，口味与其他酒相比，比较淡雅。

英式干金酒的商标有 Dry Gin、Extra Dry Gin、Very Dry Gin、London Dry Gin 和English Dry Gin，这些都是英国上议院给金酒一定地位的记号。著名的品牌有英国卫兵（Beefeater）、歌顿金（Gordon's）、吉利蓓（Gilbey's）、仙蕾（Schenley）、坦求来（Tangueray）、伊利莎白女王（Queen Elizabeth）、老女士（Old Lady's）、老汤姆（Old Tom）、上议院（House of Lords）、格利挪尔斯（Greenall's）、博德尔斯（Boodles）、博士（Booth's）、伯内茨（Burnett's）、普利莫斯（Plymouth）、沃克斯（Walker's）、怀瑟斯（Wiser's）、西格兰姆斯（Seagram's）等。

3. 美式金酒

美国金酒为淡金黄色，因为与其他金酒相比，它要在橡木桶中陈酿一段时间。美国金酒主要有蒸馏金酒（Distilled Gin）和混合金酒（Mixed Gin）两大类。通常情况下，美国的蒸馏金酒在瓶底部有“D”字，这是美国蒸馏金酒的特殊标志。混合金酒是用食用酒精和杜松子简单混合而成的，很少用于单饮，多用于调制鸡尾酒。

4. 其他金酒

金酒的主要产地除荷兰、英国、美国以外还有德国、法国、比利时等国家。比较常见和有名的金酒有辛肯哈根（Schinkenhager）（德国）、布鲁克人（Bruggman）（比利时）、西利西特（Schlichte）（德国）、菲利埃斯（Filliers）（比利时）、多亨卡特（Doornkaat）（德国）、弗兰斯（Fryns）（比利时）、克丽森（Claessens）（法国）、海特（Herte）（比利时）、罗斯（Loos）（法国）、康坡（Kampe）（比利时）、拉弗斯卡德（Lafoscade）（法国）、万达姆（Vanpamme）（比利时）等。

此外，干金酒中有一种叫Sloe Gin的金酒，但它不能称为杜松子酒，因为它所用的原料是一种野生李子，名叫黑刺李。Sloe Gin习惯上可以称为“金酒”，但要加上“黑刺李”，称为“黑刺李金酒”。

（四）金酒的饮用与服务

1. 酒杯与分量

净饮时常用利口杯或古典杯；在酒吧，每份金酒的标准用量为25mL。

2. 饮用方法

荷式金酒的饮法也比较多，在东印度群岛流行在饮用前用苦精（Bitter）洗杯，然后注入荷兰金酒，大口快饮，痛快淋漓，具有开胃之功效，饮后再饮一杯冰水，更是美不胜言。

金酒加冰块，再配以一片柠檬，就是世界名饮干马天尼（Dry Martini）的最好代用品。

干金酒也可以冰镇后纯饮。冰镇的方法有很多，例如，将酒瓶放入冰箱或冰桶，或在倒出的酒中加冰块，但大多数客人喜欢将之用于混饮，做鸡尾酒的基酒。以金酒作为鸡尾酒的品种繁多，所以，金酒又被誉为“鸡尾酒之王”。

四、朗姆酒（Rum）

朗姆酒外文名称很多，主要有Rum、Rhum、Ron等，其意译为“甘蔗老酒”。在中国，朗姆酒又叫作罗姆酒、兰姆酒、甘蔗酒。而在加勒比海地区，朗姆酒又称“火酒”，绰号叫“海盗之酒”，因为过去横行在加勒比海地区的海盗都喜欢喝朗姆酒。

朗姆酒是以甘蔗制糖的副产品——糖蜜和糖渣为原料，经原料处理、发酵、蒸馏、入橡木桶陈酿后，形成的具有独特色、香、味的蒸馏酒。

（一）朗姆酒的起源

甘蔗最初生长在印度东北部的山丛以及太平洋的热带岛屿中。阿拉伯人于公元前600年把热带甘蔗带到欧洲。1502年又由哥伦布带到西印度群岛，在这时人们才开始慢慢学会把生产甘蔗的副产品“糖渣”（即“糖蜜”）发酵蒸馏制作朗姆酒。17世纪初，有位掌握蒸馏技术的英国移民，在巴巴多斯岛（Barbados）成功制造了朗姆酒。当地土著人喝着很兴奋，而“兴奋”一词在当时英语中为“Rumbullion”，故他们将词首“Rum”作为这种酒的名字。当地人还把它作为兴奋剂、消毒剂和万灵药。它曾是海盗们以及现在大英帝国海军不可缺少的壮威剂，可见其备受人们的青睐。在美国的禁酒年代，朗姆酒发展成为混合酒的基酒，充分显示了其和谐的魅力。

（二）朗姆酒的分类

1. 朗姆酒根据不同的原料和酿制方法分类

朗姆酒根据不同的原料和酿制方法可分为朗姆白酒（White Rum）、朗姆老酒（Old Rum）、淡朗姆酒（Light Rum）、传统朗姆酒（Traditional Rum）和浓香朗姆酒（Great Aroma Rum）五种。

（1）朗姆白酒　朗姆白酒是一种新鲜酒，酒体清澈透明，香味清新细腻，口味甘润醇厚，酒度55%左右。

（2）朗姆老酒　朗姆老酒需陈酿3年以上，呈橡木色，酒香醇浓优雅，口味醇厚圆正，酒度在40%～43%之间。

（3）淡朗姆酒　淡朗姆酒是在酿制过程中尽可能提取非酒精物质的朗姆酒，陈酿1年，呈淡黄棕色，香气淡雅圆正，酒度40%～43%，多作混合酒的基酒。

（4）传统朗姆酒　传统朗姆酒陈储8～12年，呈琥珀色，在酿制过程中加焦糖调色，甘蔗香味突出，口味醇厚圆润，有时称为黑朗姆，也用作鸡尾酒的基酒。

（5）浓香朗姆酒　也叫强香朗姆酒，是用各种水果和香料串香而成的朗姆酒，其风格和干型利口酒相似，此酒香气浓郁，酒度为54%。

2. 根据朗姆酒的风味特征分类

根据风味特征，朗姆酒又分浓香型和清香型两种类型。

（1）浓香型朗姆酒　浓香型朗姆酒的生产，首先是将甘蔗糖蜜经过澄清处理，再接入能产生丁酸的细菌和能产生酒精的酵母菌，发酵12天以上，用壶式锅间歇蒸馏，得到酒度约86%的无色原朗姆酒，再放入经火烤的橡木桶中陈储3年、6年、10年不等后兑制，有时用焦糖调色，使之成为金黄色或深棕色的酒品。浓香型朗姆酒酒体较重，糖蜜香和酒香浓郁，味辛而醇厚，以牙买加朗姆酒为代表。

（2）清香型朗姆酒　清香型朗姆酒以糖蜜或甘蔗原汁为原料，在发酵过程中只加酵母，发酵期短，用塔式连续蒸馏，原酒液酒精含量在95%以上，再将原酒在橡木桶中储存半年至1年以后，即可取出勾兑，成品酒酒体无色或金黄色。清香型朗姆酒以古巴朗姆酒为代表，酒体较轻，风味成分含量较少，无丁酸气味，口味清淡，是多种著名鸡尾酒的基酒。

3. 根据朗姆酒的产区不同分类

朗姆酒的原料为甘蔗。朗姆酒的产地是西半球的西印度群岛，以及美国、墨西哥、古巴、牙买加、海地、多米尼加、特立尼达和多巴哥、圭亚那、巴西等国家。另外，非洲岛国马达加斯加也出产朗姆酒。主要产区如下。

（1）波多黎各（Puerto Rico Rum）　以其酒质轻而著称，具有淡而香的特色。

（2）牙买加（Jamaica Rum）　其酒味浓而辣，呈黑褐色。

（3）古巴（Cuba Rum）　所产朗姆酒酒体较轻，口味清淡。

（4）维尔京群岛（Virgin Island Rum）　质轻味淡，但比波多黎各产的朗姆酒更富糖蜜味。

（5）巴巴多斯（Barbados Rum）　所产朗姆酒介于波多黎各味淡质轻和牙买加味浓而辣之间。

（6）圭亚那（Guyana Rum）　比牙买加产的朗姆酒味醇，但颜色较淡，大部分销往美国。

（7）海地（Haiti Rum）　所产朗姆酒口味很浓，但很柔和。

（8）巴达维亚（Batavia Rum）巴达维亚朗姆酒是爪哇出的淡而辣的朗姆酒，有特殊的味道（是因为糖蜜的水质以及加了稻米发酵的缘故）。

（9）夏威夷（Hawaii Rum）　夏威夷朗姆酒是市面上所能买到的酒质最轻、最柔及最新制造的朗姆酒。

（10）新英格兰（New England Rum） 酒质不淡不浓，用西印度群岛所产的糖蜜制造，适合调热饮。

（三）朗姆酒的名品

朗姆酒的名品有百家地（Bacardi）、摩根船长（Captain Morgan）、海军朗姆（Lamb's Navy）、唐Q（Don Q）、朗利可（Ronrico）、船长酿（Captain's Reserve）、老牙买加（Old Jamaica）、密叶斯（Myers's）、皇家高鲁巴（Coruba Royal）、哈瓦那俱乐部（Havana Club）。

（四）朗姆酒的饮用与服务

1. 酒杯及分量

净饮时常用利口杯或古典杯；在酒吧，每份朗姆酒的标准用量为40mL。

2. 饮用方法

（1）净饮 在生产朗姆酒的国家，人们多喝纯的未加任何调和的朗姆酒。他们认为朗姆酒的独特风味是要直接品味的。

（2）混合饮用 在美国及其他一些国家，更多地用朗姆酒来调制鸡尾酒，很少净饮。

五、伏特加酒（Vodka或Wodka）

伏特加是俄罗斯和波兰的国酒，又称俄得克、俄斯克，是北欧寒冷国家十分流行的烈性饮料，“伏特加”是原苏联人对“水”的昵称。

（一）伏特加的起源

伏特加的起源有的说在波兰，有的说在俄罗斯。但不管怎么说，它是极寒之地的产物。12世纪，沙皇俄国酿制出一种裸麦酿制的啤酒和蜂蜜酒蒸馏而成的“生命之水”，可以认为它是现代伏特加酒的原型。之后不久，玉米、马铃薯等农作物引进俄国，成了伏特加酒新的原料。18世纪，确立了用白桦木炭炭层过滤伏特加原酒的方法。19世纪，随着连续蒸馏机的应用，造就了今天无臭无味、清澄透明的伏特加酒。

早在1818年，皇冠伏特加（Pierre Smirnoff Fils）酒厂就在莫斯科建成。1930年，伏特加酒的配方被带到美国，在美国也建起了皇冠伏特加酒厂，所产酒的酒精度很高，在最后过程中用一种特殊的木炭过滤，以求取得伏特加酒味纯净。

（二）伏特加的特点

伏特加是以多种谷物（马铃薯、玉米）为原料，用重复蒸馏、精炼过滤的方法，除去酒精中所含毒素和其他异物的一种纯净的高酒精浓度的饮料。伏特加酒口味烈，劲大刺鼻，除了与软饮料混合使之变得干洌，与烈性酒混合使之变得更烈之外，别无他用。但由于酒中所含杂质极少，口感纯净，并且可以以任何浓度与其他饮料混合饮用，所以经常用于做鸡尾酒的基酒，酒度一般在40% ～ 50%之间。

（三）伏特加的酿造工艺

伏特加的传统酿造法是首先以马铃薯或玉米、大麦、黑麦为原料，用精馏法蒸馏出酒度高达96%的酒液，再使酒液流经盛有大量木炭的容器，以吸附酒液中的杂质（每10L蒸馏液用1.5kg木炭连续过滤不得少于8h，40h后至少要换掉10%的木炭），最后用蒸馏水稀释至酒度40% ～ 50%而成。此酒不用陈酿即可出售、饮用，也有少量的如香型伏特加在稀释后还要经串香程序，使其具有芳香味道。伏特加与金酒一样都是以谷物为原料的高酒精度的烈性饮料，并且不需陈储。但与金酒相比，伏特加干洌、无刺激味，而金酒有浓烈的杜松子味道。

（四）伏特加的分类和名品

1. 俄罗斯伏特加

俄罗斯伏特加最初用大麦为原料，以后逐渐改用含淀粉的马铃薯和玉米，制造酒醪和蒸馏原酒并无特殊之处，只是过滤时将精馏而得的原酒，注入白桦活性炭过滤槽中，经缓慢的过滤程序，使精馏液与活性炭分子充分接触而净化，将所有原酒中所含的油类、酸类、醛类、酯类及其他微量元素除去，便得到非常纯净的伏特加。

俄罗斯伏特加酒液透明，除酒香外，几乎没有其他香味，口味凶烈，劲大冲鼻，火一般地刺激，其名品有波士伏特加（Bolskaya）、苏联红牌（Stolichnaya）、苏联绿牌（Mosrovskaya）、柠檬那亚（Limonnaya）、斯大卡（Starka）、朱波罗夫卡（Zubrovka）、俄国卡亚（Kusskaya）、哥丽尔卡（Gorilka）等。

2. 波兰伏特加

波兰伏特加的酿造工艺与俄罗斯相似，区别只是波兰人在酿造过程中，加入一些花草、植物果实等调香原料，所以波兰伏特加比俄罗斯伏特加酒体丰富，更富韵味，名品有兰牛（Blue Bison）、维波罗瓦红牌（Wyborowa）、维波罗瓦兰牌（Wyborowa）、朱波罗卡（Zubrowka）等。

3. 其他国家和地区的伏特加

除俄罗斯与波兰外，还有一些较著名的生产伏特加的国家和地区。

（1）英国产的伏特加　主要有哥萨克（Cossack）、夫拉地法特（Viadivat）、皇室（Imperial）、西尔弗拉多（Silverado）等。

（2）美国产的伏特加　主要有皇冠（Smirnoff）、沙莫瓦（Samovar）、菲士曼（Fielshmann's Royal）等。

（3）芬兰产的伏特加　主要有芬兰地亚（Finlandia）等。

（4）法国产的伏特加　主要有卡林斯卡亚（Karinskaya）、弗劳斯卡亚（Voloskaya）等。

（5）加拿大产的伏特加　主要有西豪维特（Silhowltte）等。

（五）伏特加的饮用与服务

1. 酒杯与分量

用利口杯或古典杯饮用，可作佐餐酒或餐后酒。标准用量为每份40mL。

2. 饮用方法

纯饮时，备一杯凉水，以常温服侍，快饮（干杯）是其主要饮用方式。许多人喜欢冰镇后纯饮，仿佛冰融化于口中，进而转化成一股火焰般的清热。

伏特加可作基酒来调制鸡尾酒，比较著名的有黑俄罗斯（Black Russian）、螺丝钻（Screw Driver）、血腥玛丽（Bloody Mary）等。

六、特基拉酒（Tequila）

（一）特基拉酒的起源

特基拉酒产于墨西哥，它的生产原料是一种叫做龙舌兰（agave）的珍贵植物，也是一种怕寒的多肉花科植物。龙舌兰直刺青天，其汁乳白如奶，喝起来甘甜可口、沁人心肺，为久在沙漠跋涉的旅客提供了"水"源，故被人们称为"沙漠之泉"。当地印第安人提取龙舌兰汁液，加工酿造出醇美芳香的特基拉酒（即龙舌兰酒）。特基拉（Tequila）是墨西哥中央高原北部哈利斯科州的一个小镇，此酒以产地而得名。特基拉酒是墨西哥的特产，被称为墨西哥的灵魂。

（二）特基拉酒的制作工艺

特其拉酒在制法上也不同于其他蒸馏酒，在龙舌兰长满叶子的根部，经过10年的栽培后，会形成大菠萝状茎块，将叶子全部切除，将含有甘甜汁液的茎块切割后放入专用糖化锅内煮大约12h，待糖化过程完成之后，将其榨汁注入发酵罐中，加入酵母和上次的部分发酵汁。有时，为了补充糖分，还得加入适量的糖。发酵结束后，发酵汁除留下一部分作下一次发酵的配料之外，其余的在单式蒸馏器中蒸馏两次。第1次蒸馏后，将会获得一种酒精含量约25%的液体；而第2次蒸馏，在经过去除首馏和尾馏的工序之后，将会获得一种酒精含量大约为55%的可直接饮用烈性酒。虽然是经过了两次蒸馏，但最后获得的酒液，其酒精含量仍然比较低，因此，其中就含有很多原材料及发酵过程中所具备的许多成分。和伏特加酒一样，特基拉酒在完成了蒸馏工序之后，酒液要经过活性炭过滤以除去杂质。

（三）特基拉酒的名品

特基拉酒香气突出，口味凶烈。根据在橡木桶陈酿时间的长短不同，颜色和口味差异很大，白色者未经陈酿，银白色储存期最多3年，金黄色酒储存至少2～4年，特级特基拉需要更长的储存期，装瓶时酒度要稀释至40%～50%。

1. 凯尔弗（Cuervo）

由1795年创建的墨西哥库摩鲁公司所产，其酒味纯净，充分体现了特基拉酒的本体风味。

2. 索查（Sauza）

以散发新鲜酒香而闻名，该酒品是由1873年墨西哥人T.S.Sauza创建的SAUZA酒厂生产。索查牌特基拉一直沿用传统方法生产，并因保持最完美的品质而享有盛名。

3. 奥美嘉（Olmeca）

由墨西哥西格兰公司为开拓墨西哥市场而推出的豪华型产品，它需经过2年以上的陈酿方能上市。该酒的标志图案取自墨西哥最古老的Olmeca文化的图腾，故具有深邃的文化内涵。

4. 欧雷（Ole）

由美国大型酿酒公司——仙丽公司在墨西哥设厂酿制的产品，在美国装瓶上市。该酒最大的特点是由如水晶般的晶莹透明，常被用作调制鸡尾酒。“欧雷”是西班牙语，是斗牛士的欢呼声。

5. 玛丽亚西（Mariachi）

由西格兰姆公司与墨西哥合资制造。此酒名是墨西哥“街头音乐家”的意思，与法语“结婚”谐音。该酒成熟期为2年，风味圆滑，酒质纯正，诱人上口。

（四）特基拉酒的饮用与服务

1. 酒杯与分量

特基拉酒杯常用古典杯；标准分量为40mL。

2. 饮用方法

特基拉酒是墨西哥的国酒，墨西哥人对此情有独钟，饮酒方式也很独特，常用于净饮。每当饮酒时，墨西哥人总先在手背上倒些海盐末来吸食。然后用腌渍过的辣椒汁、柠檬汁佐酒，恰似火上浇油，妙不可言。

另外，特基拉酒也常作为鸡尾酒的基酒，例如特基拉日出（Tequila Sunrise）、玛格丽特（Margarite）、特基拉炮（Tequila Pop）等，深受广大消费者喜爱。

第三节　配制酒

配制酒（Assembled Alcoholic Drink）又称浸制酒、再制酒。凡是以蒸馏酒、发酵酒或食用酒精为酒基，加入香草、香料、果实、药材等，进行勾兑、浸制、混合等特定的工艺手法调制的各种酒类，统称为配制酒。配制酒的诞生比其他酒类要晚，但由于它更接近消费者的口味和爱好，因而发展较快。

配制酒的种类繁多，风格迥异，因而很难将之分门别类。根据其特点和功能，目前世界上较为流行的方法是将配制酒分为三大类，即开胃酒类（Aperitifs）、甜食酒类（Dessert Wines）和利口酒类（Liqueurs）。著名的配制酒主要集中在欧洲。

一、开胃酒类（Aperitifs）

“开胃酒”一词来源于拉丁文“aperare”，其意为“打开”，指的是在午餐前打开食欲。“开胃酒”一词被当作名词使用的历史，可以向前追溯到1888年。从广义上说，开胃酒是指能够增进食欲的餐前酒。随着饮酒习惯的演变，开胃酒逐渐被专门用于指以葡萄酒或蒸馏酒为酒基，调入各种香料，并具有开胃功能的酒。现代开胃酒有三种主要类型，即味美思（Vermouth）、必打士（Bitter）和茴香酒（Anise）。

（一）味美思

味美思又称苦艾酒，它起源于希腊，发展于意大利，定名于德国。据说古希腊王公贵族为滋补健身，长生不老，用各种芳香植物调配开胃酒，饮后食欲大振。到了欧洲文艺复兴时期，意大利的都灵等地渐渐形成以“苦艾”为主要原料的加香葡萄酒，叫做“苦艾酒”。在德国，人们用葡萄酒浸泡苦艾，适应德国人爱喝带苦味啤酒的口味。以后发展到用葡萄酒浸泡各种水果或香料、草药植物，开发出一种新酒品种叫“Wermut”（德文中“苦艾”的意思），此酒也因此音译成“威末”酒。

1. 味美思的分类

味美思有强烈的草本植物味道，含酒精量在17%～20%之间，常根据酒的颜色和含糖量分为以下四种。

（1）干性味美思（Dry，意大利文Secco，法文Sec） 干性味美思含糖量不超过44g/L，酒度18%左右。意大利产干性味美思呈淡白色、淡黄色。法国产呈草黄色、棕黄色。

（2）白色味美思（White，意大利文Bianco，法文Blanc） 白色味美思含糖量为120g/L左右，属半甜型酒，酒度18%，色泽呈金黄色，香气柔和，口味鲜嫩。

（3）红色味美思（Red，意大利文Rosso，法文Rouge） 该酒加入焦糖调色，因此色泽棕红，有焦糖的风味，含糖量为150g/L，酒度为18%。

（4）玫瑰红味美思（Rose） 该酒以玫瑰红葡萄酒为酒基，调入香料配制而成。口味微苦带甜，酒度为16%，酒液呈玫瑰红。

2. 味美思的主要生产国及名品

（1）意大利味美思（Italian Vermouth） 意大利以生产甜性红、白味美思著称，其中以意大利都灵（Turin）地区所生产的最为有名，其酒品风格要比法国同类产品更具特色。名牌产品主要如下。

① 马天尼（Martini） 创建于1800年的马天尼酒厂是全世界规模最大的味美思企业，位于意大利北部都灵城内，注册商标为MAR-TINI，产品质量称雄于70%的味美思市场，故人们通常将马天尼味美思简称为“马天尼”。马天尼主要有以下三种。

干马天尼（Dry Martini）：酒精含量为18%，无色透明，因该酒在制作的蒸馏过程中加入了柠檬皮及新鲜的小红莓，故酒香浓郁。

半干马天尼（Bianco Martini）：酒精含量为16%，呈浅黄色，含有香兰素等香味成分。

甜马天尼（Sweet Martini）：酒精含量为16%，呈红色，具有明显的当归药香，含有草药味和焦糖香。

② 仙山露（Cinzano） 创立于1754年的仙山露公司采用优质葡萄酒加入众多香料调制而成。主要产品有干性、白色、红色三种，是意大利最著名的味美思之一。

③ 干霞（Gancia） 所属干霞公司创建于1805年，创始人为卡罗索·干霞先生。主要产品也有干性、白色、红色三种类型味美思，是意大利著名的味美思品牌之一。主要品种有Gancia Vermouth Rosso，色泽深红，芳香四溢，口味甘甜；Gancia Vermouth Dry，为不甜型产品。

（2）法国味美思（French Vermouth） 法国的味美思按酒法规定，必须以80%的白葡萄酒为酒基，所用的芳香植物也以苦艾为主。法国以生产干性白色味美思见长，酒液呈禾秆黄色，具有酒香，口味淡雅，苦涩味明显，更具刺激性。法国味美思生产中心在法国的马赛市，名牌产品如下。

① 香百利（Chambery） Sweet Chambery为红苦艾酒，芳香浓郁，酒精含量稍高，为18%；Extra Sec Chambery为白苦艾酒。

② 杜法尔（Duval） 制作时将植物香料切碎后，与原酒浸泡5～6天，静置澄清14天，再加入苦杏仁壳浸泡两个月而成。

③ 诺瓦丽·普拉（Noilly Prat） 诺瓦丽·普拉味美思最有名气，干性诺瓦丽·普拉（Noilly Prat Dry）是调酒师必备的材料之一。

（二）必打士

取其音译，又称比特酒，有“苦酒”之意。它从古药酒演变而来，具有滋补、助消化和兴奋的功效。该类酒以葡萄酒或某些蒸馏酒或食用酒精为酒基，加入芳香植物和药材配制而成。其酒精含量为18%～49%，具有一定的苦涩味和药味。因为所用的药材主要为带苦味的植物或其根茎与表皮，如金鸡纳树皮、阿尔卑斯草、龙胆皮、苦橘皮、柠檬皮等。世界上著名的比特酒产自意大利、法国、特立尼达和多巴哥、荷兰、英国、德国、美国及匈牙利。

其名牌产品如下。

1. 金巴利（Campari）

产自意大利的米兰，最为著名的比特酒之一。其配料为苦橘皮等草药，苦味主要来自金鸡纳霜。酒精含量为23%，色泽鲜红，药香浓郁，口味略苦而可口，可加入柠檬皮和苏打水饮用，也可与意大利味美思兑饮。

2. 杜本纳（Dubonnet）

该酒产于法国巴黎。以白葡萄酒、金鸡纳皮及其他草药为原料配制而成。酒精含量16%，通常呈暗红色，药香明显，苦中带甜，具有独特的风格。有红、白两种，以红色最为著名。

3. 飘仙一号（Pimms NO.1）

此酒清爽、略带甜味，适合制作一些清新的饮品，酒精含量25%，产于英国，为金酒加味美思制作而成。

4. 安德卜格（Underberg）

产自德国，酒精含量44%，呈殷红色，具有解酒的作用，这是一种用40多种药材、香料浸制而成的烈酒，在德国每天可售出100万瓶。通常采用20mL的小瓶包装。

5. 安哥斯特拉（Angostura）

此酒产自委内瑞拉，又音译为"安高斯杜拉"、"恩科斯脱拉"。以老朗姆酒为基酒、龙胆草为主要配料制作而成。酒精含量为44.7%，呈褐红色，具有悦人的药香，微苦而爽适，深受拉美各国饮用者喜爱，它通常采用140mL的小包装，是一种特别的苦酒，常用于调酒。

6. 必打士酒（Bitter）

产自法国，酒精含量为25%，该酒香味俱佳，但有苦味，深褐色酒质，以蒸馏酒及金鸡纳树皮及其他药草调配而成。

7. 菲奈特·布兰卡（Fernet Branca）

又音译为菲奈脱·白兰加，该酒产于意大利米兰。酒精含量为40%～45%，它以多种植物根茎为配料制作而成，其味甚苦，被称之为"苦酒之王"。

8. 亚玛·皮空（Amer Picon）

它产自法国，亚玛即谓味苦之意。酒精含量为21%，该酒以金鸡纳树皮、苦橘皮、龙胆根浸泡于蒸馏酒配制而成，具有苦涩的味感。

9. 苏滋（Suze）

它产自法国，酒精含量为16%，含糖量为16%，呈橘黄色，具有甘润而微苦的味感。其配料为法国中部火山带生长20年的龙胆草的根块。

10. 阿贝诺（Aperol）

该酒产于意大利，酒精含量为11%，由蒸馏酒浸泡金鸡纳、龙胆草等过滤而成，因酒度较低，可直接用作开胃酒。

（三）茴香酒

茴香酒（Anisette）以纯食用酒精或烈酒为基酒，加入茴香油或甜型大茴香子制成。著名产地是法国波尔多地区。它有无色和染色之分，色泽因品种而异，通常具有明亮的光泽，具有浓郁的茴香气味，口味浓重且刺激性强。

其名牌产品如下。

1. 潘诺（Pernod）

产于法国，酒精含量为40%，含糖量为10%。使用了茴香等15种药材。呈浅青色，半透明状，具有浓烈的茴香味，饮用时加冰加水呈乳白色。该酒具有一股浓烈的草药气味，既香又甜，很吸引人，可作为上等的烹饪调味料。据说在18世纪中叶，一位名叫Dr.Ordinaire的法国医生在瑞士以白兰地、苦艾草、薄荷、荷兰根及茴香、玉桂皮等为材料，配制出一种口味、香味俱佳的餐后酒，受到人们的喜爱，1797年，他将配方售给另一位名为Pernod的法国人，此人就以自己的名字为酒名，在法国生产并得以流行。

2. 巴斯特51（Pastis 51）

又音译为巴斯的士，为染色酒，在调配时为使成品酒口味更为柔顺，加有甘草油。

3. 里卡德（Ricard）

为染色酒，这是全世界销量第一的大茴香酒，酒精含量为45%。

4. 伯格（Berger Blanc）

呈白色，口味清淡。

5. 海岸之雾（Küstennebel）

产自德国，酒精含量为25%，以本国大茴香制成。

（四）开胃酒的饮用与服务

1. 酒杯与分量

杯具的选择可视酒品的分量或混合的配方，选用不同的酒杯。例如，纯饮味美思可用白葡萄酒杯，喝加冰块干性马天尼（Martini on the Rocks）可用高脚杯；喝金巴利加苏打水和冰块时，应选用平底高身杯。味美思的标准用量为每杯50mL，比特酒为20～50mL，茴香酒为20～30mL。

2. 饮用与服务方法

喝开胃酒时，一般要兑水或调入其他饮料混合饮用，尤其是比特酒和茴香酒，兑水量为所用酒量的5～10倍，或依个人口味适当增减。味美思可纯饮或加冰块。

以白葡萄酒为酒基配制的开胃酒要冰镇后饮用。喝开胃酒时，一般加入橘皮、柠檬皮，以增加香味。

需要说明的是，开胃酒具有清凉功能，应低温保存；同时，因开胃酒中含有奎宁成分，低温保存会产生一定的混浊和沉淀，这是正常现象。

二、甜食酒类（Dessert Wines）

甜食酒，是以葡萄酒为酒基，调入蒸馏酒勾兑配制而成，故也称为强化葡萄酒（Fortified Wine）。甜食酒是一类佐助西餐甜食的酒精饮料，所以英语叫“Dessert Wine”。

甜食酒的糖度和酒度均高于一般的葡萄酒，这与其生产工艺有关，即在葡萄酒的生产过程中，为了保留其葡萄糖分，加入了白兰地以终止其发酵。如此使得这种酒的酒精含量超过葡萄酒的一倍，达到25%左右。甜食酒的特点是口味较甜，常以葡萄酒为酒基，这与利口酒有明显的区别，后者虽然口味甚甜，但主要的酒基是蒸馏酒或食用酒精。甜食酒中的干涩品种，常被作为开胃酒来饮用。

世界著名的甜食酒生产国主要集中在欧洲南部，最著名的代表酒品有雪莉酒和波特酒，其次是马德拉酒、马拉加酒和马萨拉酒。

（一）雪莉酒（Sherry）

1. 雪莉酒（Sherry）的起源

“Sherry”产于西班牙的Jerez（加的斯），是西班牙的国酒。在波斯统治时期，这个城市叫Xerez或Shareesh，它们是“Sherry”和“Jerez”二词的词源。当时的波斯统治者Shiraz为了让他名垂千古，决定酿制一种纪念Shiraz的酒，于是Sherry就此面世。因此，雪莉酒在西班牙称Jerez（加的斯），酒以城名。但在法国，习惯称Xerds（西勒士），在英国，一般叫Sherry。在中国，根据音译，翻译成“雪莉酒”、“谐丽酒”或“些厘”等。

2. 雪莉酒的制作工艺

西班牙南部城市Jerez是以雪莉酒而闻名的，它的土壤有微白、沙土及矿泉泥之分，它可以生长出最适合配制雪莉酒的葡萄品种。用料选择加的斯巴洛来洛、白得洛斯麦勒、菲奴巴罗米洛葡萄（占全部的85%～88%，如果是更高级的甚至需要98%）及少量的玫瑰香葡萄。采下的葡萄在草席上晒1～2日，以达到榨取浓果汁的目的。然后装入长了菌膜的木桶里，只装2/3或3/4桶，然后发酵。第一次发酵3～7天，其过程异常猛烈，3个月后开桶令空气进入。再经过1个月或2个月，如在酒液表面长出“酒花”——呈灰色泡沫层铺于酒液表层，则是Fino类常见的，也即是将做成Fino。如果表面很少或没有“酒花”，则是Oloroso类的典型特征。而在此时，会喷洒一些白兰地将之消除，二次发酵时将不再出现此种趋势，即可抽酒入另一桶，同时检查。不足指标的原酒将加入白兰地以提高酒度。白兰地的调节是基于如下标准：Fino，酒度16%，如果是Oloroso则在17%～18%。Sherry应储放于通风通气的专门酒库，储存时间不少于三年，即可进行后处理，如调配、杀菌、澄清、装瓶等。

在制作过程中，Sherry因为要把葡萄晒干了再榨汁，酒的糖分很高，所以非常容易变质。它保存期短，制造时期非常长而工序又繁复，所以雪莉酒不是家家户户的必需品，在欧洲，它一直都是上层社会的奢侈品。

3. 雪莉酒的分类

雪莉酒通常它分为两大类六个品种，其他均属它们的变型。

（1）菲诺类（Fino） 此酒为干型，酒精含量17%～18%，以清淡著称，淡黄而明亮，其香清新精细而优雅，口感甘洌、爽快清淡。需要注意的是，此酒不以年份分品质，它往往由各地产品混合而成。可以配小吃、汤，只是服务时稍加冰镇。主要名品如下。

① 阿蒙提那多（Amontillado） 酒精含量16%～18%。陈年菲诺不低于八年。

色如琥珀，甘洌而清淡。分Extra sec（绝干）和Demi sec（半干）两种。

② 曼赞尼拉（Manzanilla） 这是西班牙人最喜爱的品种，酒精含量15%～17%。陈酿时间短的加后缀——Fina，反之则——Pasada。其色微红、清亮。香醇美、甘洌、清爽，微苦，劲略大，常带杏仁味。

③ 帕尔玛（Palma） 产于西班牙巴利阿里群岛首府。为Fino类出口的学名，分四档，档数越高陈年时间越长。

（2）奥罗若索（Oloroso） 产自西班牙，意为“芳香”，亦有芳香雪莉之称，具坚果香气，且酒越陈越香。色金黄、棕红，透明度极佳。味浓烈柔绵、甘洌。酒度一般为18%～20%，酒龄较长的则为24%～25%。

天然的奥罗若索为干型，有时也加糖，这时的酒仍以奥罗若索为名出售。它可以用来替代点心或佐甜食或者喝咖啡前后饮用，当用作开胃酒时则需要冰镇。

① 帕尔谷尔答图（Palo Cortaclo） 此为Sherry中的精品，市面上极其少有，甘洌而浓醇。大多陈酿20年以上才上市，世人称其具有Fino之香的Oloroso雪莉酒。

② 阿莫露索（Amoroso） 属甜型雪莉酒，亦称爱情酒。是用添加剂制成的深红色酒，其香不突出，但口味凶烈，劲足力大，甘甜圆正，是英国人所喜爱的品种。

③ 奶油雪莉（Cream Sherry） 此酒为甜味极重的Oloroso类雪莉酒。酒呈红色，香浓味甜，常用于代替Port（波特酒）做餐后酒用。创于英国，在美国销量极大。

除了以上介绍的品种之外，还有桑德曼（Sandeman）、克罗夫特（Croft）、公扎雷比亚斯（Gonzalea Byass）等雪莉酒产品。

（二）波特酒（Port）

1. 波特酒的起源

波特酒为著名的甜葡萄酒，也是葡萄牙的国酒。该酒在发酵过程中加入酒精，使其酒度提高到15%～20%，同时保留了相当高的糖度，是一种强化的葡萄酒。波特（Port）是葡萄牙的第二大城市，以工业产品多样化而闻名，享有葡萄牙工业重镇的美称，但波特酒使其更为闻名遐迩，可以说只要提起葡萄牙，人们就会自然想起波特酒。

18世纪初，由于英法之间发生战争，使法国中断了向英国出口葡萄酒，英国酒商就转向葡萄牙，但由于路途较远，酒在运输途中常易变质，于是就向酒中加入高浓度的酒精，以提高酒度，而这种比较浓烈的酒则受到英国和其他北欧消费者的喜爱。到19世纪中叶这种方法才传到葡萄牙，被正式采用。波特酒自问世以来，已有100多年的历史，80%以上出口国际市场。长胜不衰的原因是它的产区具有得天独厚的适宜于葡萄栽培的条件以及夏季酷热和冬季严寒的气候因素。这种酒甜味适中，酒味浓醇清香。

2. 波特酒的制作工艺

波特酒乃葡萄牙的特产。葡萄牙法律明文规定必须由上杜洛河（Cima do Douro，

Alto Douro）酿制的葡萄酒，加入葡萄牙葡萄酿制的白兰地来加强其酒精浓度。此外，必须是由奥波多（Oporto）港口运出者，才得称为“波特”。虽在南非、澳洲、北美与南美都有制造波特，但非真正的波特。

在制作过程中，波特酒选用葡萄牙杜洛河谷及由此南进320公里的里斯本周围所产葡萄，其他任何地方、任何方式生产的葡萄都不允许用以生产波特酒。而且所用葡萄必须完全成熟，糖度在23～26 Brix，采摘时剔去老烂变质及碰伤的原料。其主要问题是萃取足够成熟的葡萄的色泽，一般在破碎时加入二氧化硫（约每升葡萄糖浆加入100mg），再加热至50℃保持24h，或瞬时加热至60℃或更高温度，其色泽便很快提出。发酵时可用野生及人工培养的酵母，初发酵时为2～4天，同酿造葡萄酒相同，要常常捣汁，残糖低至所需，也即酒度6%～8%，皮渣分离。酒液泵至桶内，加入白兰地进行发酵储存。至来年春季伊始，杜洛地区以葡萄园、作坊及农家为单位生产的葡萄酒，以木桶或木船运送至各个酒库储存。运送过程中还须经过热灭菌、冷冻处理，以澄清酒液加以稳定，并促进葡萄酒的老熟。存放4～6年，期间进行2～3次换桶。

3. 波特酒的分类

由于制造和储存的方法不同，波特酒又分为多种不同的类型，风格有时相差很大，有些酒厂有时会依据市场的需要配制特殊口味的波特酒，但比较常见的波特酒可分为以下五大类。

（1）宝石红波特酒（Ruby Port） 是所有波特酒中最年轻的一种，也比较简单，平易近人，以黑色水果香味为主，通常会混合不同年份的酒而成。由于装瓶前并没有经过太长的储存培养，所以颜色殷红且深，可以用来搭配黑巧克力做成的甜点。

（2）陈年茶色波特酒（又叫茶色波特酒）（Aged Tawny Port） 属于经较长期橡木桶陈酿的波特酒，由于氧化的程度较高，颜色比较淡，呈橘红色，如果是经过数十年以上的陈年，甚至可能呈琥珀色，各式的干果香是最常有的香味，通常比宝石红波特酒来得丰富，且余味绵长，搭配乳酪干果甜点都不错。陈年茶色波特酒陈年的差别从数年到数十年不等，品质和价格的差别颇大。

（3）年份波特酒（Vintage Port） 这是最浓郁、最稀有，当然也是最昂贵的波特酒，只有在特殊年份才生产，而且都是挑选产自上等果区同一年份最优良的葡萄配制。酒色浓黑，酒体雄厚，结构感强，只经过两年的橡木桶储藏就装瓶，但之后却需要经过数十年以上的等待才能达到最佳饮用期。由于装瓶前特优年份波特酒通常没有经过过滤的程序，所以酒的口感非常厚实，成熟后有非常丰富浓郁的香味，特别是饮后有很长的余香。

（4）特优年份波特酒（Quinta Vintage Port） 该酒经储存一段时间之后，常会出现沉淀，饮用前必须经过换瓶的程序。通常一家酒商会同时拥有数家酒厂，如果是产自同一个酒厂的特优年份波特酒就可以称为Single Quinta Vintage Port。

（5）迟装瓶型年份波特酒（Late Bottled Vintage, Port，简称LBV） 和特优年份

波特酒一样，LBV也是采用同一年份的葡萄制成的，装瓶的时间比较晚，一般会经过4～6年的陈酿才装瓶。虽然不及特优年份波特酒来得浓郁，但比较快达到成熟期，不用经过漫长的等待。

此外，还有白波特酒（White Port），白波特酒不及红波特酒出名，产量并不大，酿造法和红波特酒差不多，只是浸皮的时间缩短或者干脆没有而已。

4. 波特酒的名品

波特酒著名品牌有科伯恩（Cockburn）、桑德曼（Sandeman）、戴尔瓦（Dalva）、克罗夫特（Croft）、方瑟卡（Fonseca）、泰勒（Taylor's）等。

（三）马德拉酒（Madeira）

1. 马德拉的起源

有"大西洋明珠"美誉的马德拉群岛（Madeira）是葡萄牙的领地，它位于非洲西北海岸的北大西洋内，面积796平方公里，属亚热带气候，由含火山的群岛组成。这个群岛，是葡萄牙人于1418年发现的一个无人居住海岛。这儿不但风景秀丽、气候温和，更是酿制当地名产——马德拉葡萄酒的地点。

该酒是用当地生产的葡萄酒与白兰地勾兑而成的一种强化葡萄酒，其独特的生产工艺纯属一种偶然的发现。18世纪，英国与其殖民地的往来贸易船只常在马德拉岛停留补充必需品，并顺便运走该岛生产的葡萄酒。由于长时间的海上航行，葡萄酒缓缓地受热升温，产生了一种令人愉快的圆润、焦香、甘洌的味道。之后，酿酒商利用此原理直接在马德拉岛就地生产。他们建起大型的供热仓库，把马德拉酒放在橡木桶内缓慢地加热，升温至50℃，并保持这个温度长达3个月之久，再缓慢地降至正常的温度。如此生产工艺，使葡萄酒形成一种独特的味道，与在海上漫长的航行中所产生的效果一样。不过，最好的马德拉酒是不用加温催熟，而是利用自然的日照，温和地把仓库温度提高。酒必需二十年以上方成熟，有些酒甚至达百年。

2. 马拉德酒的特点

马德拉酒酒精含量为16%～18%，其干涩强化葡萄酒是优质的开胃酒，甜型强化葡萄酒是著名的甜食酒。其中远年陈酿的酒是世界上最长寿的酒品之一，至今仍能找到具有200年酒龄且仍然生机勃勃的酒品。马德拉酒饮用初期需稍烫一下，越干越好喝。

3. 马拉德酒的分类

马拉德酒是以品种和商标的知名度来判断其品质，分为四大类。

（1）舍西亚尔（Sercial） 舍西亚尔酒液呈金黄或淡黄色，色泽艳丽，香气卓绝，带有清香的杏仁味，优美至极，人称"香魂"，属干型酒，是一种极好的开胃酒。口味醇厚、浓正，西餐厨师常用之为料酒。

（2）弗德罗（Verdelno） 亦属干型酒，但比舍西亚尔略甜，很适合多数人的口味。酒液呈金黄色，光泽动人，香气优雅，口味干洌、醇厚、纯正，是马德拉酒中的精品。

（3）布拉尔（Bual） 属半甜型酒，色泽栗黄或棕黄，香气浓郁，富有个性，口味甘润、浓醇，甜而不腻，最适宜作为甜食酒。

（4）玛尔姆赛（Malmsey或Malvasia） 属甜型酒，在马德拉酒中享誉最高。该酒呈褐黄或棕黄色，香气悦人，口味极佳，甜适润爽，比其他同类更醇厚、浓正，风格和酒体给人以富贵豪华的感受，是世界上最好的甜食酒之一。

4. 马拉德酒的名品

其著名的品牌有利高克（Leacock）、博格斯（Borges）、马贝都王冠（Crown Barbeito）、法兰卡（Franca）等。

（四）马拉加酒（Malaga）

1. 马拉加酒的起源

自罗马时代就以葡萄酒产地闻名的马拉加，是位于西班牙南部安达鲁西亚地区的港口，而马拉加酒就是以马拉加城为中心地带所产的葡萄酿制的。通常以Pedro、Ximenez、Moscatel甜味雪莉酒常用的品种为原料，也用来生产红葡萄酒，不过以白葡萄酒占绝大部分。芳醇香甜的马拉佳酒最适合于作餐后酒。

马拉加酒色泽深黑，酒质圆润、饱满，酒精含量为14%～23%。此酒酒质在甜食酒和开胃酒饮品中，虽不及其他同类酒品，但它具有显著的滋补效用，较适合病人及疗养者进补之用。

2. 马拉加酒的分类

此酒分类是按照色泽和干甜程度进行的。

（1）深甜马拉加（Malaga Dulce Color） 呈深褐色或浓栗色，发黑，口味甚甜。

（2）浅甜马拉加（Malaga Bianco Dulce） 呈金黄色或黄玉色，色泽浅，口味甚甜。

（3）干甜马拉加（Malaga Semi-dulce） 呈金黄色或黄红色，口味较甜。

（4）耶稣马拉加（Malaga Lagrima & Lagrima Christi） 呈深黄色，无光泽，口味甚甜。

（5）干白马拉加（Malaga Blanco Seco） 色泽淡白，口味干洌，回味适爽。

（6）麝香马拉加（Malaga Moscatel） 色泽呈琥珀黄，果味突出。

（7）比德罗西莫乃（Pedro Ximenez） 呈红黄色，无光泽，口味甜浓。

（8）罗马马拉加（Malaga Roma） 呈金黄或淡红色，口味浓烈。

（9）帕雅尔特马拉加（Malaga Pajarete） 色泽呈琥珀黄，无光泽，口味浓烈。

（10）丁地药马拉加（Tintillo de Malaga） 呈红色，无光泽，口味醇正。

3. 马拉加酒（Malaga）的名品

马拉加酒（Malaga）的著名品牌有弗罗尔·海马诺斯（Florse Her-manos）、菲利克斯（Felix）、黑交斯（Hijos）、约塞（Jose）、拉丽欧斯（Larios）、路易斯（Louis）、马大（Mata）等。

（五）马尔萨拉酒（Marsala）

1. 马尔萨拉酒的起源

马尔萨拉酒产于意大利西西里岛（Sicily）西北部的马尔萨拉市（Marsala）周围地区。公元1773年，英国商人约翰·威特豪斯来到西西里岛，采用酿造马德拉酒的方法制造葡萄酒，并将所生产的葡萄酒大量出口到英国。此后，马尔萨拉酒以其独特的风格和品质闻名于世。

马尔萨拉酒是以当地生产的葡萄为原料，先酿制成白葡萄酒，然后将白葡萄酒用文火加热24h，使之浓缩至原来体积的1/3，变成浓稠、甜的焦糖色样体，再按比例调入蒸馏酒进行勾兑，最后陈酿而成。

马尔萨拉酒的风格类似雪莉酒，又兼具马德拉酒的特点，酒味香醇，略带焦糖味，酒液呈金黄色，酒精含量为18%左右。

2. 马尔萨拉酒的分类

马尔萨拉酒按陈酿的时间可分为以下4种类型。

（1）精酿（Marsala Fine） 最少陈酿4个月，酒精含量不低于17%。这种酒在美国销量最大，常标以I. P（Italian Particlare的缩写）。

（2）优酿（Marsala Superior） 最少陈酿2年，酒精含量不低于17%，有干型和甜型两种。该类酒有爽口的苦味和焦糖风味。

（3）特制酿（Marsala Special） 该类酒在收获的第二年七月后才能出售，酒精含量为18%以上。这种酒可加各种辅香剂，如咖啡、可可、杏仁、奶油、鸡蛋等形成各种香型的甜食酒。

（4）精特酿（Marsala Vergine） 陈酿最少5年，酒精含量不低于18%，如果操作得当能陈酿10～15年。

3. 马尔萨拉酒（Marsala）的名品

马尔萨拉酒的著名产品主要有佛罗里欧（Florio）、厨师长（Gran Chef）、拉罗（Rallo）、佩勒克利诺（Pellegrino）、史密斯·伍德郝斯（Smith Wood House）等。

（六）甜食酒的饮用与服务

1. 酒杯与分量

甜食酒可选用红、白葡萄酒杯具服务，但雪莉酒和波特酒则用各自的专用杯具。甜食酒的标准用量为每位客人50mL。

2. 饮用方法

甜食酒一律纯饮，不宜兑水或加入其他饮料混合饮用。

根据酒品本身的特点和不同国家的饮食习惯，甜食酒的品种中有的作为开胃酒，有的作为餐后酒。如雪莉酒中菲诺（Fino）酒品，常被用来作为开胃酒，而奥罗露索（Oloraso）酒品则可用来佐甜食，用作甜食酒；波特酒的饮用时机，视不同国家的饮用习惯而有差异。如英语国家常将其作餐后酒饮用，法、葡、德及其他国家则常用其作餐前酒。一般来说，所有干型甜食酒作为开胃酒，甜型酒品则作为佐食甜点或在餐后饮用。

陈年红色甜食酒因有沉淀需滗酒后饮用。红甜食酒开瓶后应一次性用完，否则，所剩的酒会迅速氧化而改变风味；白甜食酒开瓶后也不宜久存，最好在两天内喝完，剩余的酒应放冰箱内待用。

白甜食酒要冰镇后饮用，温度在10℃左右，红甜食酒可以常温饮用。甜食酒的保存方法与葡萄酒相似。

三、利口酒（Liqueurs）

（一）利口酒的起源

利口酒是英文“Liqueur”一词的音译，美国人称其为Cordial（拉丁文），与Liqueur同义，意为心脏，指酒对心脏有刺激作用，而在法国却有人称它为Digestif，是指这种酒有助于消化。我国港、澳、台地区称利口酒为“力娇酒”。利口酒香味浓郁，含糖量高，故又叫“香甜酒”。

利口酒始创于公元1137年，为了调和葡萄酒中的酸味，掺入蜂蜜、香草、大茴香等材料，再过滤制作而成。之后于公元1314年由西班牙的学者首创最新技术，把柠檬、橘子花、香料等的香味用酒精析出，再配上了颜色，创新了利口酒的制造方式。

到16世纪意大利人制作过程中，把蒸馏过的葡萄酒稀释，加入肉桂、大茴香子、麝香、糖等配料，并加以创新，制成利口酒，使之声誉鹊起。它的盛名传到了法国后，当时的王妃凯瑟琳·德·美第奇（Cathrine de Medici）亲自为法国的酒品做宣传，使法国的利口酒得到快速发展，甚至有超越意大利的趋势。18世纪以后，由于科学的进步，寻求药用价值的风气渐衰，而以水果香味为主的美味型香甜酒取而代之。

（二）利口酒的制作工艺

1. 蒸馏法

把基酒和香料同置于锅中蒸馏而成，如香草类的利口酒多用此法制成。

2. 浸渍法

把配料浸入酒中，让香味和成分自然释出，如梅子酒也是用此法制成。

3. 滤出法

在滤网里放入原料置于酒槽中，滤出香味和成分。

4. 香精法

配制香料或合成品调入基酒中。

（三）利口酒的分类

1. 果料利口酒（Liqueurs de Fruits）

果料利口酒是以水果，包括苹果、樱桃、柠檬、草莓等的果皮及其肉质为辅料与酒基配制而成。主要采用浸泡法配制，具有天然的水果色泽，风格明显，口味清新，适宜新鲜时饮用。

2. 草料利口酒（Liqueurs de Plants）

草料利口酒是以草本植物，包括金鸡纳树皮、樟树皮、当归、龙胆果、甘草、姜黄及各种花类等为辅料，与酒基配制而成。该酒一般是无色的，如果有颜色，也是外加的。这类酒是利口酒中的高级品。

3. 种料利口酒（Liqueurs de Grains）

该酒是以植物种子，如茴香子、杏仁、丁香、可可豆、咖啡豆、松果、胡椒等为辅料，与酒基配制而成。通常选用香味较强、含油量较高的坚果种子。该酒与草料利口酒一样，酒液是无色的。

（四）利口酒的名品

1. 果料利口酒

果料利口酒一般采用浸泡法酿制，其突出的风格是口味清爽新鲜。

（1）库拉索酒（Curacao） 库拉索酒产于荷属库拉索岛，该岛位于离委内瑞拉60km的加勒比海中。库拉索酒是由橘子皮调香浸制成的利口酒。有无色透明的，也有呈粉红色、绿色、蓝色的，橘香悦人，香馨优雅，味微苦但十分爽口。酒精度在25%～35%之间，比较适用餐后酒或配制鸡尾酒。

（2）大马尼尔酒（Grand Manier） 大马尼尔酒（Grand Manier）又叫做金万利，产于法国的干邑地区。橘香突出，口味凶烈，劲大，甘甜，醇浓，酒度在40%左右。大马尼尔酒有红标和黄标两种，红标是以科涅克（Cognac）为酒基，黄标则是以其他蒸馏酒为酒基，均属特精制利口酒。

（3）库舍涅橘酒（Cusenier Orange） 库舍涅橘酒产于法国巴黎，配制原料是苦橘和甜橘皮，库舍涅橘酒也是库拉索的仿制品，风格与库拉索相仿，酒度为40%。

（4）君度酒（Cointreau） 君度酒在世界上很有名气，产量较大，主要由法国和美国的君度酒厂生产。是用苦橘皮和甜橘皮浸制而成，也是库拉索酒的仿制品，酒度40%，较适于作为餐后酒和兑水饮用。

君度是一种晶莹剔透的利口酒，由来自世界各地的甜味、苦味橙皮完美混合制成。在1875年，其主要配方由公司创始人的儿子爱德华·君度（Edward Cointreau）发明，并由此作为一个秘方保留下来，不断传给君度家族优秀的后代。

（5）马拉希奴酒（Maraschino） 马拉希奴酒又名“马拉斯钦”（Marasquin），原产于南斯拉夫境内的萨拉（Zara）一带，第二次世界大战后转向意大利威尼斯地区，主要产于帕多瓦（Padoue）附近。

马拉希奴酒制作时，先将樱桃带核制成樱桃酒，再兑入蒸馏酒配制成利口酒。马拉希奴酒有两个牌号，一个叫Luxado，另一个叫Drioli，它们都具有浓郁的果香，口味醇美甘甜，酒度在25%上下，属精制利口酒，适于餐后或配制鸡尾酒。

（6）利口杏酒（Liqueurs de Apricots） 杏子是利口酒极好的配料，可以直接浸制，也可以先制成杏酒，再兑入白兰地。酒度在20%～30%之间。世界较有名的利口杏酒有凯克斯克麦特（Kecskmet），产于匈牙利；加尼尔杏酒（Bricotine Garnier），产于法国。

（7）卡悉酒（Cassis） 卡悉酒又名黑加仑子酒，产于法国第戎（Dijon）一带，酒呈深红色，乳状，果香优雅，口味甘润。维生素C的含量十分丰富，是利口酒中最富营养的饮品。酒度在20%～30%之间，适于餐后、兑水、配制鸡尾酒饮用等。

卡悉的名牌产品有第戎卡悉（Cassis de Dijon）、博恩卡悉（Cassis de Beaune）、悉斯卡（Sisca）、超级卡悉（Super cassis）等。

此外，可用来配制利口酒的果料有很多，例如菠萝、香蕉、草莓、覆盆子、橘子、柠檬、李子、柚子、桑葚、椰子、甜瓜等。

2. 草料利口酒

草料利口酒的配制原料是草本植物，制酒工艺较为复杂，有点秘传色彩，让人感到神秘难测。生产者对其配方严加保密，人们只能了解其中的大概情况。

（1）修道院酒（Chartreuse） 修道院酒是法国修士发明的一种驰名世界的配制酒，目前仍然由法国Isère（依赛）地区的卡尔特教团大修道院所生产。修道院酒的秘方至今仍掌握在教士们的手中，从不披露。经分析表明，该酒用葡萄蒸馏酒为酒基，浸制130余种阿尔卑斯山区的草药，其中有虎耳草、风铃草、龙胆草等，再配兑以蜂蜜等原料，成酒需陈酿3年以上，有的长达12年之久。

修道院酒中最有名的叫修道院绿酒（Chartreuse Verte），酒度55%左右；其次是修道院黄酒（Chartreuse Jaune），酒度40%左右；陈酿绿酒（V.E.P.Verte），酒度54%左右；陈酿黄酒（V.E.P.Jaune），酒度42%左右；驰酒（Elixir），酒度71%左右。修道院酒是草类利口酒中一个主要品种，属特精制利口酒。

（2）修士酒（Bénédictine） 修士酒音译为本尼狄克丁，也有称之为泵酒。此酒产于法国诺曼底地区的费康（Fécamp），是很有名的一种利口酒。修士酒用葡萄蒸馏酒做酒基，用27种草药调香，其中有海索草、蜜蜂花、当归、芫荽、丁香、肉豆蔻、茶叶、桂皮等，再掺兑糖液和蜂蜜，经过提炼、冲沏、浸泡、掐头去尾、勾兑等工序最后制成。

修士酒在世界市场上获得了很大成功。生产者又用修士酒和白兰地兑和，制出另一新产品，命名为“B and B”（Bénédictine and Brandy），酒度为43%，属特精制利口酒。修士酒瓶上标有“D.O.M.”字样，是一句宗教格言“Deo Optimo Maximo”的缩写，意为“奉给至高无上的上帝”。

（3）衣扎拉酒（Izarra） 衣扎拉酒产于法国巴斯克（Basque）地区，在巴斯克族语中，Izarra是“星星”的意思，所以衣扎拉酒又名“巴斯克星酒”。该酒调香以草类为主，也有果类和种类，先用草料与蒸馏酒做成香精，再将其兑入浸有果料和种料的雅文邑（Armagnac）酒液，加入糖和蜂蜜，最后用藏红花染色而成。衣扎拉酒也有绿酒和黄酒之分，绿酒含有48种香料，酒度是48%；黄酒含有32种香料，酒度40%。它们均属于特精制利口酒。

（4）马鞭草酒（Verveine） 马鞭草具有清香味和药用功能，用马鞭草浸制的利口酒是一种高级药酒。主要有三个品种：马鞭草绿白兰地酒（Verveine Verte Brandy），酒度为55%；马鞭草绿酒（Verveine Verte），酒度50%；马鞭草黄酒（Verveine Jaune），酒度40%，均属特精制利口酒。最出名的马鞭草利口酒是Verveine de Velay（弗莱马鞭草酒）。

（5）杜林标酒（Drambuie） 产于英国爱丁堡的杜林标利口酒是一种以威士忌酒为基酒、用蜂蜜增甜的利口酒，其主体风味为苏格兰威士忌酒的烟熏味。据说，杜林标利口酒可追溯到酿造蜂蜜酒的盖尔特人和掌握蒸馏技艺的北爱尔兰僧侣，当时他们定居在苏格兰高地。杜林标酒的名称“Drambuie”也来自盖尔特人的克特语“Dram Buidheach”，意思是“一种满意的饮料”。

据说，杜林标利口酒的发明者是要求继承英国斯图亚特王朝（Stuart）王位的爱德华王子。传说，1746年一支自由苏格兰军队为争夺不列颠（英国）的王位而开战，虽然初期取得了一些战果，但最后还是以失败告终。当时，爱德华王子不得不逃避，是他身边的一个卫士麦金农（Mckinnon）把他藏起来，直至他流亡到法国荒凉的斯基岛（Insel Skye）。为了感谢这位忠诚的卫士，查尔斯王子把他的威士忌利口酒（Whisky Liqeur）配方转让给麦金农。很长时间，麦金农家族利用这个配方只为家庭自用配制威士忌利口酒。1906年麦金农在爱丁堡接收了麦克贝斯（Macbeth）威士忌公司，并决定利用流传的配方生产杜林标威士忌利口酒。后来，杜林标利口酒正式被列入英国上院的饮料目录。现在，杜林标利口酒已在全世界流行。

（6）利口乳酒（Crémes） 利口乳酒是一种比较稠浓的利口酒，以草料调配的乳酒比较多，如薄荷乳酒（Créme de Menthe）、玫瑰乳酒（Créme de Rose）、香草乳酒（Créme de Vanille）、紫罗兰乳酒（Créme de Violette）、桂皮乳酒（Créme de Cannelle）。

（7）加里安诺（Galliano） 加里安诺是意大利著名的香草类利口酒。它是以食用酒精作基酒，加入了30多种香草酿造出来的金色甜酒，味道醇美，香味浓郁，将其装盛在高身而细长的酒瓶内，商标上有一个红色的碉堡，纸盒上有一戎装军人影像。

3. 种料利口酒（Liqueurs de Grains）

种料利口酒是用植物的种子为基本原料配制的利口酒。用以配料的植物种子很多，制酒者往往选用那些香味较强、含油较高的坚果种子进行配制加工。

（1）茴香利口酒（Anisette） 茴香利口酒起源于荷兰的阿姆斯特丹，为地中海诸国最流行的利口酒之一。法国、意大利、西班牙、希腊、土耳其等国均生产茴香利口酒。其中以法国和意大利的最为有名。

先用茴香和酒精制成香精，再兑以蒸馏酒基和糖液，搅拌，冷处理，澄清而成，酒度在30%左右。茴香利口酒中最出名的叫玛丽·布利查（Marie Brizard），是十八世纪一位法国女郎的名字，该酒又称作波尔多茴香酒（Anisettes de Bordeaux），产于法国。

（2）顾美露（Kümmel） 顾美露的原料是一种野生的茴香植物，名叫“加维茴香”（Carvi），主要生长在北欧。顾美露产于荷兰和德国。较为出名的产品有阿拉西（Allash）（荷兰）、波尔斯（Bols）（荷兰）、弗金克（Fockink）（荷兰）、沃尔夫斯密德（Wolfschmidt）（德国）、曼珍道夫（Mentzendorf）（德国）。

（3）蛋黄酒（Advocaat） 蛋黄酒产于荷兰和德国，主要配料用鸡蛋黄和杜松子，香气独特口味鲜美，酒度在15%～20%之间。蛋黄酒是以白兰地为酒基，鸡蛋黄为主要调香原料精制而成，故又称“蛋黄白兰地”。该酒呈蛋黄色，颜色鲜艳突出，香味独特，有较浓郁的蛋黄香味，富含维生素A、B族维生素、脂肪及蛋白质等营养成分，需低温保存并避免阳光直射。

（4）咖啡乳酒（Créme de Café） 咖啡乳酒主要产于咖啡生产国，它的原料是咖啡豆。制作过程中，先焙烘粉碎咖啡豆，再进行浸制和蒸馏，然后将不同的酒液进行勾兑，加糖处理，澄清过滤而成。酒度26%左右。咖啡乳酒属普通利口酒。较出名的有卡鲁瓦（Kahlúa）（墨西哥）、添万利（Tia Maria）（牙买加）、爱尔兰绒（Irish Velvet）（爱尔兰）、巴笛奶（Bardinet）（法国）、巴黎佐（Parizot）（法国）。

（5）可可乳酒（Créme de Cacao） 可可乳酒主要产于西印度群岛，它的原料是可可豆种子。制酒时，将可可豆经烘焙粉碎后浸入酒精中，取一部分直接蒸馏提取酒液，然后将这两部分酒液勾兑，再加入香草和糖浆制成。较为出名的可可乳酒有Cacao Chouao（朱傲可可）、Afrikoko（亚非可可）、Liqueur de Cacao（可可利口）。

（6）杏仁利口酒（Liqueurs de Almondes） 杏仁利口酒以杏仁和其他果仁为配料，酒液绛红发黑，果香突出，口味甘美。较为有名的杏仁利口酒有阿玛雷托（Amaretto）（意大利）、仁乳酒（Créme de Noyaux）（法国）、阿尔蒙利口（Almond Liqueurs）（英国）。

（五）利口酒的饮用与服务

1. 酒杯与分量

纯饮利口酒时可用利口酒杯；加入冰块时可用古典杯或葡萄酒杯；加苏打水或果汁饮料时，用果汁杯或高身杯。利口酒每份的标准用量为25mL。

2. 饮用方法

（1）纯饮法　选用纯度高的利口酒，倒在专用杯里，用嘴一点点慢慢地啜，细细品饮，但多数人认为这样喝太甜太腻，可采用以下饮用方法。

（2）对饮法　也就是加苏打水或矿泉水饮用法。不论哪一种甜酒，喝前先将酒倒入平底杯中，其数量约为杯子容量的60%，再加满苏打水即可。如觉得水分过多，可添加一些柠檬汁。以半个柠檬的量较合适，在上面可再加碎冰。若是鸡尾酒的话，可加入适量柠檬汁。

（3）碎冰法　先做碎冰，即用布将冰块包起，用锤子敲碎，然后将碎冰倒入鸡尾酒杯或葡萄酒杯内，再倒入甜酒，插入吸管即可。

（4）其他　可将利口酒加在冰激凌或果冻上饮用。

四、中国配制酒

（一）中国配制酒的概念

中国配制酒，是以发酵酒（葡萄酒或黄酒）、蒸馏酒（中国白酒）或食用酒精为酒基，加入可食用的花、果、动植物或中草药，或以食品添加剂为呈色、呈香及呈味物质，采用浸泡、煮沸、复蒸等不同工艺加工而成的改变了其原酒基风格的酒。按最新的国家饮料酒分类体系，药酒和滋补酒属于配制酒范畴。

（二）中国配制酒的特点

中国配制酒的制作方法与外国配制酒大致相同。不同之处是中国配制酒所用的酒基为白酒和黄酒，绝大多数配制酒均采用中药材为辅料，具有较高的医疗价值。外国配制酒一般不采用动物性原料，而我国加入乌鸡、鹿茸、蛇等动物性原料制成滋补型、疗效型配制酒。

我国最初采用“一酒一药”，即一种酒只用一种药材制成，后来逐渐发展到用多种药材配制成一种酒。而且，中国配制酒从原有的以草药或动物性原料为主要调制原料，发展到使用各种花卉、果实等原料配制，已成为花色品种最多的酒类。

中国配制酒的酒度为20%～45%。一般药酒类酒度较低，约20%～30%；芳香植物类的配制酒度较高，大约为40%。我国配制酒多数属甜型酒，含糖量较高。

（三）中国配制酒的分类

1. 花类配制酒

以各种花卉的花、叶、根、茎等为来源，采用葡萄酒、黄酒、白酒、食用酒精等为酒基调配而成的配制酒。该类酒具有明显的花香，如桂花酒、玫瑰酒等。

2. 果实配制酒

采用不同的酒基，调入果汁，或用酒基浸泡破碎后的果实；或用果汁及皮汁混合发酵的原酒与酒基调配；或采用半发酵半浸渍（用酒基）的工艺配制而成的酒均属于果实配制酒。这种酒果香突出，酒度和糖度不高，甘甜爽口，如山楂酒、蜜橘酒、荔枝酒、刺梨酒等。

3. 芳香植物配制酒

采用除花卉植物以外的芳香植物，直接浸泡于酒基中，或浸泡后再蒸馏制成的酒属芳香植物配制酒。酒液呈无色或具有本品特有的色泽，诸香和谐，口味谐调。这种酒所加入的植物香料种类很多，它们不但具有一定的色泽和芳香，而且绝大部分是中药材，所以又称之为药香型配制酒，如竹叶青、五加皮、园林青等。

4. 滋补型配制酒

滋补型配制酒大多以白酒或黄酒为酒基，调配各种动植物药材，用浸渍法或药材单独处理，再混合配制而成。对于中国的药酒和滋补酒而言，其主要特点是在酿酒过程中或在酒中加入了中草药，因此两者并无本质上的区别，但前者主要以治疗疾病为主，有特定的医疗作用；后者以滋补养生健体为主，有保健强身作用。

（四）中国配制酒的名品

1. 竹叶青

酒度45%，糖分10%。品质特点：金黄色，微绿，透明，有药材形成的独特芳香，口味甜绵，微苦，温和，无刺激性感觉。以汾酒为原料，用竹叶等十二味中草药和冰糖配制而成。

2. 莲花白

酒度49%～50%，糖分8%。品质特点：无色透明，有芳香，酒性柔和，滋味醇厚，回味悠长，有特殊风味。

3. 五加皮

酒度40%，糖分6%。品质特点：褐红色，澄清透明，挂杯，具有多种药材的芳香，入口酒味浓郁，调和醇滑，风味独特。

4. 紫梅酒

酒度15.5%，糖分22.5%，总酸0.6%。品质特点：深紫红色，色泽鲜艳，有紫梅果的自然香气，香气清雅而悠久，微甜而微酸，柔和醇厚，越饮越香，余香不尽。

5. 田七酒

酒度为36%～38%，以田七为主要原料，并配有党参、枸杞、桂圆肉等10多种名贵药材，选用纯正米酒经一年浸泡而成。它除有补气补血、活血通经的功效外，还有促进新陈代谢、消除疲劳、增进健康等作用。酒液呈棕色透明，酒质香醇，药味谐调。

6. 参茸三鞭酒

酒度为38%，该酒选用我国稀有特产——梅花鹿鞭、海狗鞭、广狗鞭为主要原料，配有人参、鹿茸等各种名贵药材，用多年陈酿的高粱酒作酒基，经特殊兑制方法精心制成。它含有多种维生素、无机盐、氨基酸等营养成分，具有壮阳补肾、健脑安神、补血强心等功效。

（五）中国配制酒的饮用与服务

1. 酒杯与分量

中国配制酒一般采用利口酒杯或古典杯盛酒。分量为45mL左右。

2. 饮用方法

中国配制酒多数宜作为餐后饮用。滋补型配制酒可在进餐、餐后或睡前适量饮用。花类、果实类配制酒可冰镇或加冰块后饮用。这类酒在我国多数单饮，很少被采用作为调制鸡尾酒的辅助酒。

第四节　中国白酒

在中国，白酒（Chinese Sprits）又被称为白干、烧酒，是以曲类、酒母等为糖化发酵剂，利用谷物为原料，经蒸煮、糖化、发酵、蒸馏、储存、勾兑而成的蒸馏酒。白酒是我国特有的一种蒸馏酒，它与白兰地、威士忌、伏特加、朗姆酒、金酒、特基拉酒并列为世界著名的蒸馏酒。

一、白酒的分类

（一）按所用酒曲和主要工艺分类

1. 固态法制作白酒的主要种类

（1）大曲酒　大曲酒，以大曲为糖化发酵剂，大曲的原料主要是小麦、大麦，加上一定数量的豌豆。大曲又分为中温曲、高温曲和超高温曲。一般是固态发酵，大曲酒所酿的酒质量较好，多数名优酒均以大曲酿成。

（2）小曲酒　小曲是以稻米为原料制成的，南方的白酒多是小曲酒。

（3）麸曲酒　以纯培养的曲霉菌及纯培养的酒母作为糖化、发酵剂，发酵时间较短，由于生产成本较低，为多数酒厂为采用。此种类型的酒产量最大，以大众为消费对象。

（4）混曲法白酒　主要是大曲和小曲混用所酿成的酒。

（5）其他糖化剂法白酒　这是以糖化酶为糖化剂，加酿酒活性干酵母（或生香酵母）发酵酿制而成的白酒。

2. 固液结合法制作白酒的主要种类

（1）半固、半液发酵法白酒　这种酒是以大米为原料，小曲为糖化发酵剂，先在固态条件下糖化，再于半固态、半液态下发酵，而后蒸馏制成的白酒，其典型代表是桂林三花酒。

（2）串香白酒　这种白酒采用串香工艺制成。还有一种香精串蒸法白酒，此酒在酒醅中加入香精后串蒸而得。

（3）勾兑白酒　这种酒是将固态法白酒（不少于10%）与液态法白酒或食用酒精按适当比例进行勾兑而成的白酒。

3. 液态发酵法制作白酒的主要种类

又称“一步法”白酒，生产工艺类似于酒精生产，但在工艺上吸取了白酒的一些传统工艺，酒质一般较为淡泊；有的工艺采用生香酵母加以弥补。

此外还有调香白酒，这是以食用酒精为酒基，用食用香精及特制的调香白酒调配而成。

（二）按酒的香型分类

这种方法按酒的主体香气成分的特征分类，在国家级评酒中，往往按这种方法对酒进行归类。

1. 酱香型白酒

以茅台酒为代表，酱香柔润为其主要特点。发酵工艺最为复杂。所用的大曲多为超高温酒曲。

2. 浓香型白酒

以泸州老窖特曲、五粮液、洋河大曲等酒为代表，以浓香甘爽为特点。发酵原料是多种原料，以高粱为主，发酵采用混蒸续糟工艺，采用陈年老窖，也有人工培养的老窖。在名优酒中，浓香型白酒的产量最大。四川，江苏等地的酒厂所产的酒均是这种类型。

3. 清香型白酒

以汾酒为代表，其特点是清香纯正，采用清蒸清糙发酵工艺，发酵采用地缸。

4. 米香型白酒

以桂林三花酒为代表，特点是米香纯正，以大米为原料，小曲为糖化剂。

5. 其他香型白酒

这类酒的主要代表有西凤酒、董酒、白沙液等，香型各有特征，这些酒的酿造工艺采用浓香型、酱香型或清香型白酒的一些工艺，有的酒的蒸馏工艺也采用串香法。

（三）按酒质分类

1. 国家名酒

国家名酒为国家评定的质量最高的酒，白酒的国家级评比，共进行过5次。

2. 国家级优质酒

国家级优质酒的评比与名酒的评比同时进行。

3. 各省、部评比的名优酒

由各省、部主持评定的各级名优酒。

4. 一般白酒

一般白酒占酒产量的大多数，价格低廉，有的质量也不错，为消费者广泛接受。

（四）按酒度的高低分类

1. 高度白酒

这是我国传统生产方法所生产的白酒，酒度在41%以上，一般不超过65%。

2. 低度白酒

采用了降度工艺，酒度一般低于41%。

二、白酒的特点

1. 酿造原料各种各样

酿制白酒的主要原料有高粱、玉米、大米等；薯类原料有鲜薯、干薯、木薯等；代用原料有高粱糠、粉渣、米糠等。

2. 曲种丰富多彩

酿制白酒的曲种品类很多，总的可分为三大类：大曲、小曲和麸曲。每个大类又根据生产要求，分成许多不同的曲种。

3. 酿造工艺复杂

酿造白酒需要经过原料处理、制曲、糖化发酵、蒸馏提纯、储藏老熟、勾兑调味等一系列生产过程。

4. 酒品风格独特

中国白酒在饮料酒中，独具风格，与世界其他国家的白酒相比，我国白酒具有特殊的不可比拟的风味。酒色洁白晶莹、无色透明；香气宜人，不同香型的酒各有特色；口味醇厚柔绵，甘润清洌，酒体谐调，回味悠久，爽口尾净。

5. 酒品名称纷繁复杂

白酒的名称繁多。有的以原料命名，如高粱酒、瓜干酒等，就是以高粱、瓜干为原料生产出来的酒；有的以产地命名，如茅台酒、董酒、汾酒、洋河大曲；有的酒以名人命名，如杜康酒、文君酒、刘伶醉、太白酒、包公酒等；还有的酒按发酵、储存时间长短命名，如特曲、陈曲、头曲、二曲等。

三、白酒的香型

白酒的香型主要取决于生产工艺、发酵、设备等条件。我国白酒的香型，大致可分为酱香、浓香、清香、米香和其他香型。

1. 酱香型白酒

亦称茅香型，以茅台酒为代表，属大曲酒类。其酱香突出，幽雅细致，酒体醇厚，回味悠长，清澈透明，色泽微黄。以酱香为主，略有焦香（但不能出头），香味细腻、复杂、柔顺。含泸（泸香）不突出，酯香柔雅协调，先酯后酱，酱香悠长，杯中香气经久不变，空杯留香经久不散（茅台酒有“扣杯隔日香”的说法），味大于香，酒度适中。

2. 浓香型白酒

亦称泸香型、五粮液香型，以泸州老窖特曲及五粮液为代表，属大曲酒类。其特点可用六个字、五句话来概括，六个字是香、醇、浓、绵、甜、净；五句话是窖香浓郁，清洌甘爽，绵柔醇厚，香味协调，尾净余长。浓香型白酒的种类是丰富多彩的，有的是柔香，有的是暴香，有的是落口团，有的是落口散，但其共性是，香要浓郁，入口要绵并要甜（有“无甜不成泸”的说法），进口、落口后味都应甜（不应是糖的甜），不应出现明显的苦味。浓香型酒的主体香气成分是窖香（乙酸乙酯），并有糟香或老白干香（乳酸乙酯）以及微量窖泥香。窖香和糟香要谐调，其中主体香（窖香）要明确，窖泥香要有，也是这种香型酒的独有风格。

3. 清香型白酒

亦称汾香型，以山西汾酒为代表，属大曲酒类。它入口绵，落口甜，香气清正。清香型白酒的特点是清香纯正、醇甜柔和、自然谐调、余味爽净。清香纯正就是主体香乙酸乙酯与乳酸乙酯搭配谐调，琥珀酸的含量也很高，无杂味，亦可称酯香匀称，干净利落。总之，清香型白酒可以概括为清、正、甜、长、净五个字，清字当头，净字到底。

4. 米香型白酒

亦称蜜香型，以桂林象山牌三花酒为代表，属小曲酒类。小曲香型酒，一般以大米为原料。其典型风格是在“米酿香”及小曲香基础上，突出以乳酸乙酯、乙酸乙酯与β-苯乙醇为主体组成的幽雅轻柔的香气。一些消费者和评酒专家认为，用蜜香表达这种综合的香气较为确切，概括为蜜香清雅、入口柔绵、落口甘洌、回味怡畅。此类型酒米酿香明显，入口醇和，饮后微甜，尾子干净，不应有苦涩或焦煳苦味（允许微苦）。

5. 其他香型酒

包括兼香型、馥郁香型、特香型等。此类酒大都工艺独特，大小曲都用，发酵时间长。凡不属上述四类香型的白酒均可归于此类，代表酒有白云边、酒鬼酒、四特酒等。

四、中国白酒名品

1. 茅台酒

茅台酒是贵州省仁怀县茅台酒厂的产品。1984年获轻工业部酒类质量大赛金杯奖，1952年、1963年、1979年、1984年、1989年在全国第一届、第二届、第三届、第四届、第五届评酒会上蝉联国家名酒称号及金质奖，1986年在法国巴黎第12届国际食品博览会上获金奖，1992年获美国国际名酒博览会金奖及日本第四届白酒与饮料国际博览会金奖。

茅台酒系以优质高粱为原料，用小麦制成高温曲，而用曲量多于原料。用曲多，发酵期长，多次发酵，多次取酒等独特工艺，这是茅台酒风格独特、品质优异的重要原因。

酿制茅台酒要经过两次加生沙（生粮）、八次发酵、九次蒸馏，生产周期长达八九个月，再陈储三年以上，勾兑调配，然后再储存一年，使酒质更加和谐醇香、绵软柔和，方准装瓶出厂，全部生产过程近五年之久。

茅台酒是风格最完美的酱香型大曲酒之典型，故“酱香型”又称“茅香型”。其酒质晶亮透明，微有黄色，酱香突出，令人陶醉，敞杯不饮，香气扑鼻，开怀畅饮，满口生香，饮后空杯，留香更大，持久不散。口味幽雅细腻，酒体丰满醇厚，回味悠长，茅香不绝。茅台酒液纯净透明、醇馥幽郁的特点，是由酱香、窖底香、醇甜三大特殊风味融合而成，现已知香气组成成分多达300余种。

2. 汾酒

汾酒是山西省汾阳县杏花村汾酒厂的产品。1952年第一届全国评酒会上荣获八大名酒之一，蝉联全国第二届、第三届、第四届、第五届评酒会国家名酒称号，并荣获金质奖章，1992年获法国巴黎国际名优酒展评会特别金奖。

汾酒以晋中平原所产的“一把抓”高粱为原料，用大麦、豌豆制成的“青茬曲”为糖化发酵剂，取古井和深井的优质水为酿造用水。汾酒发酵仍沿用传统的古老“地缸”发酵法。酿造工艺为独特的“清蒸二次清”。操作特点则采用二次发酵法，即先将蒸透的原料加曲埋入土中的缸内发酵，然后取出蒸馏，蒸馏后的酒醅再加曲发酵，将两次蒸馏的酒配合后方为成品。

汾酒，酒液无色透明，清香雅郁，入口醇厚绵柔而甘洌，余味清爽，回味悠长，无强烈刺激之感。汾酒纯净、雅郁之清香为我国清香型白酒之典型代表，故人们又将这一香型俗称“汾香型”。

3. 泸州老窖特曲

泸州老窖特曲又称泸州老窖大曲酒，是四川省泸州老窖酒厂的产品。1985年、1988年获商业部优质产品称号及金爵奖，1952年、1963年、1979年、1984年、1989年在全国第一届、第二届、第三届、第四届、第五届评酒会上蝉联国家名酒称号及金质奖，1987年在泰国曼谷第二届国际饮料食品展览会上获金鹰金杯奖。1988年获香港第六届国际食品展金鼎奖，1990年获法国巴黎第14届国际食品博览会金奖。

泸州曲酒的主要原料是当地的优质糯高粱，用小麦制曲，大曲有特殊的质量标准，酿造用水为龙泉井水和沱江水，酿造工艺是传统的混蒸连续发酵法。蒸馏得酒后，再用“麻坛”储存一二年，最后通过细致的评尝和勾兑，达到固定的标准，方能出厂，保证了老窖特曲的品质和独特风格。

此酒无色透明，窖香浓郁，清洌甘爽，饮后尤香，回味悠长，具有浓香、醇和、味甜、回味长的四大特色。

4. 五粮液

五粮液酒是四川省宜宾五粮液酒厂的产品。1985年、1988年获商业部优质产品称号及金爵奖，1963年、1979年、1984年、1989年在全国第二届、第三届、第四届、第五届评酒会上荣获国家名酒称号及金质奖，1988年获香港第六届国际食品展览会金龙奖，1990年获泰国国际酒类博览会金奖，1991年获德国莱比锡国际博览会金奖，1992年获美国国际名酒博览会金奖，1993年获俄罗斯圣彼得堡国际博览会特别金奖。

五粮液的酿造原料为红高粱、糯米、大米、小麦和玉米五种粮食。糖化发酵剂则以纯小麦制曲，有一套特殊制曲法，制成“包包曲”，酿造时，须用陈曲。用水取自岷江江心，水质清洌优良。发酵窖是陈年老窖，有的窖为明代遗留下来的。发酵期在70天以上，并用老熟的陈泥封窖。在分层蒸馏、量窖摘酒、高温量水、低温入窖、滴窖降酸、回酒发酵、双轮底发酵、勾兑调味等一系列工序上，五粮液酒厂都有一套丰富而独到的经验，充分保证了五粮液品质优异，长期稳定，在中外消费者中享有美名。

五粮液酒无色，清澈透明，香气悠久，味醇厚，入口甘绵，入喉净爽，各味谐调，恰至好处。饮后无刺激感，不上头。开瓶时，喷香扑鼻；入口后，满口溢香；饮用时，四座飘香；饮用后，余香不尽。属浓香型大曲酒中出类拔萃之佳品。

5. 西凤酒

西凤酒是陕西省凤翔县西凤酒厂的产品。1984年获轻工业部酒类质量大赛金杯奖，1979年在全国第三届评酒会上荣获国家优质酒称号及银质酒，1952年、1963年、1984年、1989年在全国第一届、第二届、第四届、第五届评酒会上荣获国家名酒称号及金质奖。

西凤酒以当地特产高粱为原料，用大麦、豌豆制曲。工艺采用续糙发酵法，发酵窖分为明窖与暗窖两种。工艺流程分为立窖、破窖、顶窖、圆窖、插窖和挑窖等工序，自有一套操作方法。蒸馏得酒后，再经3年以上的储存，然后进行精心勾兑方出厂。

西凤酒无色清亮透明，醇香芬芳，清而不淡，浓而不艳，集清香、浓香之优点融于一体，幽雅、诸味谐调，回味舒畅，风格独特。被誉为“酸、甜、苦、辣、香五味俱全而各不出头”，即酸而不涩，苦而不黏，香不刺鼻，辣不呛喉，饮后回甘、味久而弥芳。属凤香型大曲酒，是“凤型”白酒的典型代表。

6. 洋河大曲

洋河大曲是江苏省泗阳县江苏洋河酒厂的产品。1984年获轻工业部酒类质量大赛金杯奖，1979年、1984年、1989年在全国第三届、第四届、第五届评酒会上荣获国家名酒称号及金质奖，1992年获美国纽约首届国际博览会金奖。

洋河镇地处白洋河和黄河之间，水陆交通畅达，自古以来就是商业繁荣的集镇，酒坊堪多，故明人有“白洋河中多沽客”的诗句。清代初期，原有山西白姓商人在洋河镇建糟坊，从山西请来酒师酿酒，其酒香甜醇厚，声名更盛，获得“福泉酒海清香美，味占江淮第一家”的赞誉。

洋河大曲以黏高粱为原料，用当地有名的“美人泉”水酿造，用高温大曲为糖化发酵剂，老窖长期发酵酿成。洋河大曲清澈透明，芳香浓郁，入口柔绵，鲜爽甘甜，酒质醇厚，余香悠长。其突出特点是甜、绵软、净、香。

7. 古井贡酒

古井贡酒是安徽省亳州市古井酒厂的产品。1984年获轻工业部酒类质量大赛金杯奖，1987年被评为安徽省优质产品，1988年在法国第13届巴黎国际食品博览会上获金奖，1963年、1979年、1984年、1989年在全国第二届、第三届、第四届、第五届评酒会上荣获国家名酒称号及金质奖，1992年获美国首届酒类饮料国际博览会金奖。

古井贡酒以本地优质高粱作原料，以大麦、小麦、豌豆制曲，沿用陈年老发酵池，继承了混蒸、连续发酵工艺，并运用现代酿酒方法，加以改进，博采众长，形成自己的独特工艺，酿出了风格独特的古井贡酒。

古井贡酒酒液清澈如水晶，香醇如幽兰，酒味醇和，浓郁甘润，黏稠挂杯，余香悠长，经久不绝。

8. 剑南春

剑南春酒是四川省绵竹县剑南春酒厂的产品。1963年被评为四川省名酒，1985年、1988年获商业部优质产品称号及金爵奖。1979年、1984年、1989年在全国第三届、第四届、第五届评酒会上荣获国家名酒称号及金质奖，1992年获德国莱比锡秋季博览会金奖。

剑南春酒以高粱、大米、糯米、玉米、小麦为原料，小麦制大曲为糖化发酵剂。其工艺有红糟盖顶、回沙发酵、去头斩尾、清蒸熟糠、低温发酵、双轮底发酵等，配料合理，操作精细。

剑南春属浓香型大曲酒，酒质无色，清澈透明，芳香浓郁，酒味醇厚，醇和回甜，酒体丰满，香味协调，恰到好处，清洌净爽，余香悠长。

9. 郎酒

四川郎酒产于四川古蔺郎酒厂，1979年被评为全国优质酒；1984年在第四届全国名酒评比中，郎酒以“酱香浓郁，醇厚净爽，幽雅细腻，回甜味长”的独特香型和风味而闻名全国，首次荣获全国名酒的桂冠，并获金奖。

郎酒以本地红高粱作原料，小麦制曲，取郎泉之水酿造而成。郎酒的特色是酱香突出、醇厚净爽、幽雅细腻、回味悠长、空杯留香。它在酿制过程中，虽按茅台酒的工艺，但其味道又不同于茅台酒的酱香，香气较之更馥郁、更浓烈，有“浓中带酱”的味道。

10. 双沟大曲

双沟大曲产于江苏泗洪双沟镇。在1952年、1964年和1976年举行的第一届、第二届、第三届全国名酒评选会上，双沟大曲被评为国家名酒，并荣获国家优质食品金质奖。

双沟大曲是以优质高粱为主要原料，用特制高温大曲为糖化发酵剂。采取传统的混蒸工艺，经老窖适温长期缓慢发酵，分甑蒸馏，分段截酒，分等入库，分级储存，精心勾兑而成。窖香浓郁，绵甜甘洌，香味谐调，尾净余长。

11. 沱牌曲酒

沱牌曲酒是四川省射洪县沱牌曲酒厂的产品。1980年被评为四川省名酒，1981年、1987年被评为四川省优质产品，1981年、1985年、1988年获商业部优质产品称号及金爵奖，1989年在全国第五届评酒会上荣获国家名酒称号及金质奖。

沱牌曲酒属浓香型大曲酒，以优质高粱、糯米为原料，以优质小麦、大麦制成大曲为糖化发酵剂，老窖作发酵池，采用高、中温曲，续糟混蒸混烧，储存勾兑等工艺酿制而成。沱牌曲酒具有窖香浓郁、清洌甘爽、绵软醇厚、尾净余长的特点。

12. 董酒

董酒是贵州省遵义董酒厂的产品。1963年被评为贵州省名酒，1986年获贵州省名酒金樽奖，1984年获轻工业部酒类质量大赛金杯奖，1988年获轻工业部优秀出口产品金奖，1963年、1979年、1984年、1989年在全国第二届、第三届、第四届、第五届评酒会上荣获国家名酒称号及金质奖；1991年在日本东京第三届国际酒、饮料酒博览会上获金牌奖；1992年在美国洛杉矶国际酒类展评交流会上获华盛顿金杯奖。

该酒选用优质高粱为原料，引水口寺甘洌泉水，以大米加入95味中草药制成的小曲和小麦加入40味中草药制成的大曲为糖化发酵剂，以石灰、白泥和洋桃藤泡汁拌和而成的窖泥筑成偏碱性地窖为发酵池，采用两小两大、双醅串蒸工艺，即是小曲由小窖制成的酒醅和大曲由大窖制成的香醅，两醅一次串蒸而成原酒，经分级、陈储一年以上，精心勾兑等工序酿成。

董酒无色，清澈透明，香气幽雅舒适，既有大曲酒的浓郁芳香，又有小曲酒的柔绵、醇和、回甜，还有淡雅舒适的药香和爽口的微酸，入口醇和浓郁，饮后甘爽味长。由于酒质芳香奇特，被人们誉为其他香型白酒中独树一帜的“药香型”或“董香型”典型代表。

五、白酒质量与饮用

（一）白酒的质量鉴别

白酒质量鉴别方法分如下三步。

1. 看色泽

把酒倒入无色透明的玻璃杯中，对着自然光观察，白酒应清澈透明，无悬浮物和沉淀物。

2. 闻香气

白酒的香气分为溢香、喷香、留香三种。用鼻子贴近杯口，辨别香气的高低和香气特点。

3. 品滋味

喝少量酒且在舌面上铺开，分辨味感的薄厚、绵柔、醇和、粗糙，以及酸、甜、甘、辣是否协调，余味有无及长短。

（二）中国白酒的饮用与服务

1. 酒杯与分量

酒杯可用利口酒杯、古典杯、高脚酒杯、陶瓷酒杯等。饮用白酒每客标准用量为25mL。

2. 饮用方法

中国白酒一般作为佐餐酒，纯饮为宜，常温饮用，但在北方严冬季节，可温烫。东南亚一带习惯将白酒冰镇后饮用。采用小口高脚杯时，宜用捧斟，以免沾湿桌面。

中国白酒可以作为调制中式鸡尾酒的酒基，如用茅台酒调制的“中国马天尼”（Chinese Martini），用洋河大曲调制的“梦幻洋河”（Yanghe Dream），用五粮液调制成的“遍地是金”（All around is Gold）等鸡尾酒。

第三章

鸡尾酒的辅料

鸡尾酒的辅料主要包括鸡尾酒的配料、鸡尾酒的调料等。它们在鸡尾酒中能够降低基酒的含酒精量，形成鸡尾酒的酸、甜、苦、辣味感的功能，赋予鸡尾酒以美妙的色、香、味等个性，使鸡尾酒真正成为具有艺术情趣的酒。

第一节　鸡尾酒的配料

鸡尾酒的配料主要包括五大汽水、各种果汁和其他配料等。它可以降低基酒的含酒精量，丰富鸡尾酒的口味和色泽，使之成为更可口的软性冰凉饮品。用好鸡尾酒的配料，可使鸡尾酒新款层出不穷，男女老少咸宜，其味无穷。

一、五大汽水

汽水是指开启包装容器时有二氧化碳气泡呈现的非酒精饮料。汽水中的二氧化碳通常是以溶解状态即碳酸的形式存在的，故又称汽水为碳酸水。常见的有五大汽水：苏打水（soda water）、汤力水（tonic water）、干姜水（ginger water）、七喜（7-Up）、可乐（cola）等。

1. 苏打水（soda water）

苏打水属于碳酸饮料，是在经过纯化的饮用水中压入二氧化碳，并添加甜味剂和香料的饮料。

在欧美国家，冰镇后的苏打水是很受人们欢迎的饮品之一，原因在于苏打水是含有二氧化碳的最清爽的消暑饮料，不像其他碳酸饮料含有糖的甜腻，但也不像白水一样平淡。可以冰镇后直接饮用或用来调制鸡尾酒。我国酒吧里主要使用的产品为屈臣氏苏打水 Watson’s soda water 。

2. 汤力水（tonic water）

汤力水是tonic water的音译，又叫奎宁水、通宁汽水，是苏打水与糖、水果提取物和奎宁调配而成的。

在欧美，汤力水可以冰镇后直接饮用或用来调制鸡尾酒。我国酒吧里主要使用的产品为屈臣氏汤力水 Watson’s tonic water。

3. 干姜水（ginger water）

生姜以肉质根供食，除含碳水化合物、蛋白质外，还含有姜辣素等，因含有特殊的香味，可作香辛调料。姜有健胃、除湿、祛寒的作用，在医药上是良好的发汗剂和解毒剂。

干姜水（ginger water）又名姜汁汽水，此品是以生姜为原料，加入柠檬、香料，再用焦麦芽着色制成的碳酸水。可以冰镇后直接饮用或用来调制鸡尾酒。我国酒吧里主要使用的产品为屈臣氏干姜水Watson's ginger water。

4. 七喜（7-Up）

7-Up饮料是一种碳酸化柠檬苏打水，作为美国三大饮料（另外两大名牌饮料是Coca Cola“可口可乐”和Pepsi“百事可乐”）之一的它已有半个多世纪的历史。

关于“7-Up”这一名字的来源众说纷纭，最流行的说法是这种饮料里含有7种不同的味道，“Up”则是从另一种饮料“Bubble Up”借过来的，用它来表明该饮料的提神作用。

“7-Up”这个名字简洁清晰，含义丰富，一经上市，便受到顾客的青睐。因为“7”在西方国家是一个吉祥而又神圣的数字，这当然是商家孜孜以求的，而中文译为“七喜”更为“7-Up”开拓中国市场锦上添花。

5. 可乐（cola）

可乐类饮料因为可口可乐公司而闻名于世。后来又有百事可乐加入竞争，是肯德基、麦当劳的主打饮料。

可乐是典型的碳酸饮料，其主要特点是在饮料中加入了二氧化碳。根据国家软饮料分类标准，在碳酸饮料中专门有一种类型就是可乐型，它是指含有焦糖色、可乐香精或者类似可乐果、果香混合而成的碳酸饮料。

此外，除了以上五大汽水，还有雪碧、柠檬汽水、苹果汽水等。

二、常用果汁

果汁是新鲜水果经压榨或浸提等方法制得的汁液，是水果中最有营养价值的部分，风味佳美，也最容易被人体吸收。果汁可直接饮用，也是配制鸡尾酒、果酒和果味汽水的常用原料。酒吧调酒中常用的果汁如下。

1. 柳橙汁

柳橙果实长圆形或卵圆形，较小，果顶圆，有大而明显的印环，蒂部平，果蒂微凹；果皮橙黄色或橙色，稍光滑或有明显的沟纹；果皮中厚，汁胞脆嫩汁少，风味浓甜，具浓香，品质较好。

柳橙汁具有滋润健胃，强化血管，预防心脏病、中风、伤风、感冒的功效。调酒时，可使用现榨柳橙汁、鲜柳橙汁或浓缩柳橙汁。

2. 菠萝汁

菠萝又称凤梨，属于凤梨科凤梨属多年生草本果树植物，营养生长迅速，生产周期短，年平均气温23℃以上的地区终年可以生长。

菠萝果实营养丰富，果肉中除含有还原糖、蔗糖、蛋白质、粗纤维和有机酸外，还含有人体必需的维生素C、硫胺素、尼克酸等维生素。以及易为人体吸收的钙、铁、镁等微量元素。菠萝汁具有消肿祛湿，帮助消化，舒缓喉咙疼痛的功效。调酒时，可使用现榨菠萝汁或菠萝汁产品。

3. 番茄汁

番茄又名西红柿，为茄科植物番茄的新鲜果实，一年生或多年生草本。番茄中含有维生素C、维生素B_1、维生素B_2、胡萝卜素、蛋白质以及丰富的磷、钙等。番茄内含的番茄红素是抗氧化剂，有延迟衰老的作用。调酒时，可使用现榨番茄汁或番茄汁产品。

4. 柚汁

柚子又名文旦，是中秋节前后盛产的水果。它含有丰富的维生素C、维生素P、钙、磷、钠、铁等营养物质，可以帮助人体消化、通便、解酒毒、化解肠中的废气。在食用柚子时，可将它切丝后加入稀饭或红茶中熬煮，这样可以帮助人体去寒发汗，增加身体抵抗力，使人不易患感冒。柚汁具有降低胆固醇，预防感冒、牙龈出血的功效，可用于调酒。

5. 葡萄汁

葡萄含有丰富的维生素和铁质，可以补气、养血、滋润发肤。调酒时，常常用葡萄汁包装产品。

6. 芭乐汁

芭乐又称拔子，也叫番石榴，为桃金娘科番石榴属果树，其果形有球形、椭圆形、卵圆形及洋梨形，果皮普通为绿色、红色、黄色，果肉有白色、红色、黄色等。肉质非常柔软细嫩，肉汁丰富，味道甜美，几乎无籽，风味接近于梨和台湾大青枣之间，清脆香甜、爽口舒心、常吃不腻，而且其果肉含有大量的钾、铁、胡萝卜素等，营养极其丰富，是养颜美容的佳果。

芭乐果实可生食，鲜果洗净（免削皮）即可食用，有些人喜欢切块置于碟上，加上少许酸梅粉或盐巴食用，风味独特。又可加工制汁，如使用家庭式果汁机，自制原汁、原味芭乐果汁。用于调酒，可使鸡尾酒活色生香。

7. 苹果汁

苹果中含有整肠作用的食物纤维，以及有利尿作用的钾质。苹果汁具有调理肠胃，促进肾功能，预防高血压的功效。除了现榨取汁外，主要用其包装产品。

8. 草莓汁

草莓又叫洋莓、红莓，原产欧洲，后来传入我国。草莓外观呈心形，其色鲜艳粉红，果肉多汁，酸甜适口，芳香宜人，营养丰富，故有“水果皇后”之美誉。

草莓汁具有利尿止泻、强健神经、补充血液的功效。调酒时，常用草莓与基酒、碎冰等用搅拌机搅打均匀，制作鸡尾酒。

9. 杨桃汁

杨桃，又名阳桃、洋桃、五敛子，果实形状特殊，颜色呈翠绿鹅黄色，皮薄如膜，肉脆汁多，甜酸可口。又因横切面如五角星，故国外又称之为“星梨”。

杨桃鲜果含各种营养成分，对于人体有助消化和保健功能。生榨的杨桃汁随处可见，调酒使用十分方便。

10. 椰子汁

椰子是棕榈科植物椰树的果实，形似西瓜，外果皮较薄，呈暗褐绿色；中果皮为厚纤维层；内层果皮呈角质。果内有一大储存椰浆的空腔，成熟时，其内储有椰汁，清如水、甜如蜜，晶莹透亮，含有丰富的营养，是极好的清凉解渴之品。

天然椰子汁具有润肤、促食欲、健肠胃等功效，是一种预防高血脂症、冠心病的保健饮料。调酒时多用其椰奶制品。

11. 柠檬汁

柠檬属于柑橘类的水果，果实椭圆形，果皮橙黄色，果实汁多肉脆，闻之芳香扑鼻，食之味酸微苦，一般不能像其他水果一样生吃鲜食，而多用来制作饮料。我国中医认为，柠檬性温、味苦、无毒，具有止渴生津、祛暑安胎、疏滞、健胃、止痛等功能。

柠檬汁具有止咳化痰、排除体内毒素的功效。调酒中可以使用鲜榨柠檬汁或浓缩柠檬汁等。

12. 莱姆汁

莱姆原产自亚洲，现在则栽种于许多国家。它的外表似柠檬，但颜色偏绿且形状较圆。莱姆的品种繁多，其直径一般为5cm。压榨所得的莱姆精油比柠檬精油淡很多。

莱姆精油一直被用来调理姜汁酒与可乐饮料。在调酒中，莱姆汁颇受青睐。

13. 生梨汁

梨属于被子植物门双子叶植物纲蔷薇科苹果亚科。梨的果实通常用来食用，不仅味美汁多，甜中带酸，而且营养丰富，含有多种维生素和纤维素，不同种类的梨味道和质感都完全不同。

梨子削皮切小块入料理机或榨汁机榨汁，不用加其他任何辅料，梨子本身的甜香就已经足够。梨汁是调酒的最佳搭档。

14. 荔枝汁

荔枝原产于中国南部，是亚热带果树，常绿乔木，高约10m。果皮有鳞斑状突起，鲜红或紫红。果肉呈半透明凝脂状，味香美，但不耐储藏。荔枝果实肉嫩如水，洁白透明，滑爽无比，汁多而甜，常用于调酒配料。

三、其他配料

1. 运动饮料

运动饮料是根据运动时能量消耗，机体内环境改变和细胞功能下降等运动时生理消耗的特点而配制的，可以有针对性地补充运动时丢失的营养，起到保持、提高运动能力，加速运动后疲劳消除的特殊饮料。因此它应该具备以下基本特点：一定的糖含量，适量的电解质，低渗透压，无碳酸气，无咖啡因，无酒精。有些具有专业设计水准的运动饮料还会考虑增加其他附加成分，如B族维生素，可以促进能量代谢；维生素C则用以清除自由基，减少自由基对机体的伤害，延缓疲劳的发生；适量的牛磺酸和肌醇，可以促进蛋白质的合成，防止蛋白质的分解，调节新陈代谢，加速疲劳的消除等。在酒吧中主要运动饮料有健力宝、红牛、芭力等。

2. 蛋奶制品

（1）牛奶　牛奶营养丰富，容易消化吸收，食用方便，是很理想的天然食品。

牛奶中的蛋白质中含有人体必需的8种氨基酸，是全价蛋白质，消化率高达98%。乳脂肪是高质量的脂肪，它的消化率在95%以上，而且含有大量的脂溶性维生素。奶中各种矿物质的含量比例，特别是钙、磷的比例比较合适，很容易消化吸收。在酒吧中牛奶主要用鲜奶及其产品。

（2）奶油　奶油是从经高温杀菌的鲜乳中经过加工分离出来的脂肪和其他成分的混合物，在乳品工业中也称稀奶油。奶油是制作黄油的中间产品，含脂率较低，分别有以下几种：①淡奶油，亦称稀奶油，乳脂含量为12%～30%；②掼奶油，亦称双奶油，很容易搅拌成泡沫状的掼奶油，含乳脂量为30%～40%；③厚奶油，含乳脂量为48%～50%，这种奶油用途不广，因为成本太高，通常情况下为了增进风味时才使用厚奶油。在酒吧中，调酒主要采用的是第二种掼奶油，如天使之吻（Angel’s Kiss）等鸡尾酒的调制中就用到此种奶油。

（3）酸奶　酸奶，一般指酸牛奶，是以新鲜的牛奶为原料，经过巴氏杀菌后向牛奶中添加有益菌（发酵剂），经发酵后，再冷却灌装的一种牛奶制品。目前市场上酸奶制品多以凝固型、搅拌型和添加各种果汁、果酱等辅料的果味型为多。酸奶不但保留了牛奶的大多优点，而且某些方面经加工过程还扬长避短，成为更加适合于人类的营养保健品。在调酒中，酸奶可以调出口味酸甜的各种适合女士饮用的鸡尾酒。

（4）冰激凌　冰激凌是一种以饮用水、乳制品、蛋品、甜味料、香味料、食用油脂等为主要原料，加入乳化稳定剂、色素等，通过混合配制、杀菌、均质、老化（成熟）、凝冻，再经成型、硬化等工序加工的体积膨胀的冷冻饮品。可以直接用于调制鸡尾酒。

（5）鸡蛋　鸡蛋又名鸡卵、鸡子，味甘性平，具有滋阴润燥、养心安神、养血安胎、延年益寿之功效。

鲜鸡蛋含的蛋白质中，主要为卵蛋白（在蛋清中）和卵黄蛋白（主要在蛋黄中）。其蛋白质的氨基酸组成与人体组织蛋白质最为接近，因此吸收率相当高，可达99.7%。鲜鸡蛋含的脂肪，主要集中在蛋黄中。此外蛋黄还含有卵磷脂、维生素和矿物质等。鸡蛋用于调酒，可增加鸡尾酒的泡沫效果和营养价值。

3. 水

（1）纯净水　纯净水经过多层过滤、反渗透将水中主要的杂质，液体雾滴、水中悬浮物、固体颗粒及微生物等除掉，虽然同时也去除了水中的营养物质，但是从长远来看，纯净水不失为一种安全的日常饮用水。在酒吧调酒中，主要用于制作冰水或稀释浓缩果汁等。

（2）矿泉水　矿泉水是一种特殊的地下水，与普通地下水是不同的。国家标准对天然矿泉水规定是，从地下深处自然涌出的或经人工开发的、未受污染的地下水；含有一定量的矿物盐、微量元素或二氧化碳气体；在通常情况下，其化学成分、流量、水温等动态在天然波动范围内相对稳定。矿泉水中含有多种人体必需的微量元素。矿泉水在酒吧中可以加入冰块单独饮用或直接用于调制鸡尾酒。

（3）蒸馏水　蒸馏水是将水过滤后加热变成蒸汽，再冷却凝结为水。经过蒸馏程序的水，特别清纯。蒸馏水在酒吧中可以加入冰块单独饮用或直接用于调制鸡尾酒。

4. 冰块

鸡尾酒的特点之一就是酒液冰凉。因此，调酒时离不开冰块。目前所见各类鸡尾酒配方中，虽然也有些无需冰凉，但绝大多数是要加冰块或冰屑的。事实上，冰在鸡尾酒中的作用，不仅是使酒液降温，饮用时有凉爽感，还有促进酒液澄清的功能。

（1）方冰　一般指用制冰机制作的立体冰块，约3cm^3。

（2）圆冰　一般指用制冰机制作的圆柱体冰块，大约3cm^3。

（3）棱方冰　1kg以上的大块方冰，常常用于聚会时放在宾治（Punch）酒中。

（4）薄片冰　一般指片状冰块，大约3cm^3。

（5）碎冰　粒状细小碎冰，常用于Frappe类鸡尾酒的调制。一般制作时可以用干净的口布包住小方冰，然后用木锤或坚硬的空瓶子敲碎。

（6）细冰　用刨冰机刨制的细小冰晶，莹白如雪。

第二节　鸡尾酒的调料

除了基酒、鸡尾酒的配料之外，鸡尾酒的调料也赋予了鸡尾酒以丰富的口味。同时，有些鸡尾酒调料还兼有调色功能，给予了鸡尾酒以迷人的色泽。

常见的鸡尾酒的调料有红石榴汁、葡萄糖浆、可尔必思（calpis）、薄荷蜜、辣椒汁、李派林喼汁（Lea & Perrins Sauce）、库拉索汁（Curacao sauce）、蜂蜜、肉豆蔻粉、芹菜粉、盐、白糖等。

1. 红石榴汁

石榴汁是以药用价值极高的石榴为原料，采用先进的生产工艺，保持了石榴原有的营养成分制成的纯天然石榴饮品，该产品既可以单独饮用，又可以作为原汁与其他饮料调制成不同口味的饮品，同时还可以与高级食用酒精勾兑石榴酒和鸡尾酒。酒吧调酒时，习惯使用红石榴糖浆（常常是来自于法国的Bardnet Grenadine）。

2. 葡萄糖浆

葡萄糖浆因清亮透明，甜度随浓度的升高而被广泛用于高级奶糖、水果糖中。在酒吧调酒中用于调节鸡尾酒的口味。

3. 可尔必思

可尔必思是一种乳酸菌饮料。它诞生于日本明治41年，是创始人三岛海云去蒙古访问时，由于长途旅行非常疲劳，他喝了当地游牧民珍藏的白色液体状酸乳后，体力渐渐恢复了。三岛受到此次经验的启发，开发了“可尔必思酸乳”。“可尔必思”，这个独特名字中的“可尔”是日语中钙字发音的前两个音节，而“必思”是梵文中是“最上乘美味”这个词的最后两个音节。这样的组词体现了“可尔必思”注重健康的特点。在调酒中，可辅助调味。

4. 薄荷蜜

薄荷为唇形科薄荷属植物，多年生草本。薄荷富含芳香油，茎、叶均可提取薄荷油、薄荷脑，除在医药上有广泛的用途外，在调酒中，常常与糖浆一起调配成薄荷蜜，色泽碧绿，口味清凉。

5. 辣椒汁

美国Tabasco是以生产调味品而闻名全球的品牌，该品牌诞生于1868年。

“Tabasco”一词在中美洲的印第安語中，是指炎热而潮湿的土地，而这种辣酱所用的辣椒——指天椒，也需要炎热而潮湿的气候来生长，所以取了“Tabasco Sauce”作为产品名称。其成分主要由指天椒、醋及其他调味料制成，储藏于橡木桶内三年才装瓶发售。在酒吧调酒中常常以“滴”（Dash）为计量单位添加。

6. 李派林喼汁

喼汁这种调味品原产印度，让它成为液汁状的基础材料是醋，其他必需材料还有丁香、茴香、八角、桂皮和糖。19世纪后叶，由原籍苏格兰Worcester Shire（乌斯特郡）的英国人把该种印度特产带回英国，经改进配方，在乌斯特郡设厂生产，正式品名为乌斯特沙司（沙司是sauce的音译，意译即调味汁），用作西餐佐汁。酒吧调酒中常用李派林喼汁调味，如在血腥玛丽（Bloody Mary）中可加入李派林喼汁。

7. 库拉索汁

Curacao是一个在加勒比岛Curacao（库拉索）生产的橙味利口酒的一般用语。由苦涩橘子干果皮做Curacao，可能是橘子色的Curacao、蓝色的Curacao、绿色的Curacao或白色的Curacao。不同品种有着同样味道，细小变异在于苦涩程度的不同。鸡尾酒经常使用蓝色和绿色Curacao Sauce调配颜色。

8. 蜂蜜

蜂蜜是由蜜蜂采集植物蜜腺或分泌物，加入自身消化道的分泌液后酿制而成的。现代医学临床应用证明，蜂蜜可促进消化吸收，增进食欲，镇静安眠，提高机体抵抗力。鸡尾酒调制中也常常用到它。

9. 肉豆蔻粉

肉豆蔻又称肉果、玉果，主要产于印度。此外，危地马拉、斯里兰卡、坦桑尼亚等地亦产。有浓厚的温和香气，略有辣味，浓时有苦味，用以增加鸡尾酒的香气。

10. 芹菜粉

芹菜粉以纯芹菜超微细粉为主要成分，含少量的纯胡萝卜粉、纯菠菜粉。同样有增加鸡尾酒香气的作用。

11. 盐

在酒吧调酒中主要采用粉洗盐。粉洗盐是将原盐经粉碎、洗涤、脱水等多道加工工序精制而成。产品色白、粒均、质优、干净卫生、食用方便，是家庭烹调和鸡尾酒调制的理想原料。

12. 白糖

白糖是由甘蔗和甜菜榨出的糖蜜制成的精糖，色白，干净，甜度高。酒吧调酒中主要用到的品种为幼砂糖和方糖。

幼砂糖采用优质原蔗糖，采用目前国际先进制糖生产工艺（离子交换法），脱硫精炼而成的高级食用纯正幼砂糖，具有纯净洁白、即冲即溶、卫生方便等特点。

方糖亦称半方糖，是用细晶粒精制砂糖为原料压制成的半方块状（即立方体的一半）的高级糖产品，在国外已有多年的历史。方糖的特点是质量纯净，洁白而有光泽，糖块棱角完整，有适当的牢固度，不易碎裂，但在水中快速溶解，溶液清澈透明。

第四章

鸡尾酒的装饰物

鸡尾酒之所以被称为艺术酒，是因为它的外观常常披上美丽的外衣，变得五光十色、千姿百态，这就全靠用好装饰材料予以美化。除按传统配方选好材料外，还可以根据不同的审美观灵活创新，广泛采用大自然所赐予的神奇万物，点缀与装饰各色鸡尾酒，以尽展其新姿。

第一节　蔬菜类装饰物

调酒中用到的蔬菜类装饰物很多，常见品种如下。

一、西芹

西芹，别名西洋芹、洋芹、美国芹菜，为伞形花科洋芹属中一年或多年生草本植物。原产欧洲中部及美国。茎肥厚宽大粗长，清香脆甜。血腥玛丽（Bloody Mary）的饰物之一就是西芹。

二、欧芹

欧芹的原产地在中东的叙利亚高原，是具有悠久历史的蔬菜。远在希腊、罗马时代，欧芹便被当做医药和香辣调味料来使用。到了18世纪，它自荷兰传入国内，故又名荷兰芹。常常用作鸡尾酒的装饰。

三、黄瓜

黄瓜是葫芦科黄瓜属中幼果具刺的栽培种，一年生攀缘性草本植物。黄瓜常用作鸡尾酒的饰物，色泽对比较好。除鲜黄瓜用作饰物外，酸黄瓜也可用作装饰。

四、樱桃番茄

樱桃番茄又名迷你番茄、微型番茄、圣女果，是普通番茄的一个变种。樱桃番茄果实小，单果重10～20g。果实形状有球形、枣形、洋梨形等，果色有红色、粉色、黄色及橙色，其中以红色栽培居多，由于它远远看上去像一颗樱桃，故此得名樱桃番茄。它具有较高的观赏价值。果实可生吃、煮食，还可加工成番茄酱、番茄汁和番茄罐头。用于鸡尾酒的装饰，美观大方。

五、珍珠洋葱

洋葱，别称圆葱、玉葱、胡葱或葱头。洋葱的外形似球体，色白、略黄、带红，剥开即嗅到强烈刺激辛辣味。洋葱原产于伊朗、阿富汗等西亚一带。公元前传入埃及，又移植地中海，后经哥伦布带进美洲。中国人旧时习惯称“洋葱”，认为来自于西方。其实，我国也早有栽植，只是充作调味品。珍珠洋葱是其中的一个品种，细小如指尖、圆形透明。用于装饰鸡尾酒，别具风情。

第二节 水果类装饰物

调酒中用到的水果类装饰物也很多，常见品种如下。

一、樱桃

樱桃为蔷薇科樱属植物，世界上主要品种有中国樱桃、欧洲甜樱桃、欧洲酸樱桃和毛樱桃四种。有红、绿、黄等色。樱桃不仅好吃，还富含营养。欧洲甜樱桃（俗称车厘子）是装饰鸡尾酒的绝佳之选。

二、橄榄

橄榄又名青果，是一种硬质肉果。初尝橄榄味道酸涩，久嚼后方觉得满口清香，回味无穷。土耳其人将橄榄、石榴和无花果并称为“天堂之果”。橄榄果肉含有丰富的营养物，鲜食有益人体健康，特别是含钙较多，对儿童骨骼发育有帮助。酒吧调酒中常常使用咸橄榄（青、黑等色）、酿水橄榄装饰马天尼（Martini）等辣味鸡尾酒。

三、柠檬

柠檬属于柑橘类的水果，果实呈椭圆形，果皮橙黄色，果实汁多肉脆，闻之芳香扑鼻，食之味酸微苦，一般不能像其他水果一样生吃鲜食，而多用来制作饮料，装饰鸡尾酒。

四、莱姆

莱姆也称莱檬、绿檬，日常生活中也被称为青柠、酸柑，是芸香科柑橘属中数种植物的统称，其果实的特征是淡黄绿色的球形、椭球形或倒卵形，直径约5cm。

莱姆是世界柑橘类水果中的四大主要栽培种之一。欧洲、非洲、美洲栽种较多。有酸莱姆和甜莱姆两大类，品种多。果肉酸味颇强，但维生素C的含量不如柠檬的高。常常用于鸡尾酒的装饰。

五、橙子

橙子是世界四大名果之一，品种较多，以脐橙最为多见。其果肉酸甜适度，富有香气。橙子性味酸凉，具有行气化痰、健脾温胃、助消化、增食欲等功效。橙皮含一定量的橙皮油，可以增加鸡尾酒的香气。橙子常用作鸡尾酒的装饰，美观大方。

六、菠萝

菠萝原产于巴西，16世纪时传入中国，有70多个品种，岭南四大名果之一。菠萝是凤梨科多年生常绿草本植物，每株只在中心结一个果实。其果实呈圆筒形，由许多子房和花轴聚合而长成，是一种复合果。菠萝果皮有众多的花器（俗称果眼或菠萝鸡），坚硬棘手，食用前必须削皮后挖去。

菠萝中含有丰富的纤维素，可以促进消化、解油腻，令人开胃。另外，菠萝的特殊香味具有安定神经的作用。菠萝装饰时多切成角，用于美化热带鸡尾酒。

七、杨桃

杨桃颜色呈翠绿鹅黄色，皮薄如膜，肉脆汁多，甜酸可口。横切面如五角星，用于鸡尾酒的装饰比较特别。

八、猕猴桃

猕猴桃又名奇异果，含有丰富的维生素C，同时含有多种氨基酸和微量元素。猕猴桃切面层次清晰，用于装饰鸡尾酒，十分靓丽。

九、灯笼果

灯笼果是原产于南美的一种黄色浆果。果实呈圆球形，像灯笼，又似大樱桃，成熟过程中有青色、黄色，完全成熟后呈紫红色，外观艳丽。果实营养丰富，不仅可以鲜食，还可制成果酱、罐头、果汁等多种食品。由于果实酸味纯正，完全成熟的果实脆甜可口，别具一格，集桃、李、梨、野樱桃等多种野果风味于一体，用于装饰鸡尾酒，别有一番风味。

十、无花果

无花果原产于地中海沿岸，分布于土耳其至阿富汗。中国唐代即从波斯传入，现南北均有栽培，新疆南部尤多。无花果汁具有独特的清香味，生津止渴，老幼皆宜。用于装饰鸡尾酒，比较典雅。

十一、石榴

中国栽培石榴的历史，可上溯至汉代，据记载是张骞从西域引入。中国南北都有栽培，以安徽、江苏、河南等地种植面积较大，并培育出一些较优质的品种。其中安徽怀远县是中国石榴之乡，“怀远石榴”为国家地理标志保护产品。石榴性味甘、酸涩、温，具有杀虫、收敛、涩肠、止痢等功效。石榴果实营养丰富，其外种皮肉质半透明多汁，维生素C含量比苹果、梨要高出1～2倍。常用于装饰果味类鸡尾酒。

十二、莲雾

莲雾又名洋蒲桃、紫蒲桃、水蒲桃、水石榴、天桃、爪哇浦桃、琏雾，桃金娘科，原产印度、马来西亚，尤以爪哇栽培的最为著名，故又有“爪哇蒲桃”之称。莲雾果实顶端扁平，下垂状表面有蜡质的光泽。果肉呈海绵质，略有苹果香味。莲雾的种类很多，果色鲜艳，有的呈青绿色，有的呈粉红色，还有的呈大红色。莲雾的果实中含有蛋白质、脂肪、碳水化合物及钙、磷、钾等矿物质，能清热利尿和安神，对治疗咳嗽、哮喘也有效果。莲雾可用来装饰热带鸡尾酒品种。

十三、香蕉

香蕉为芭蕉科芭蕉属植物，热带地区广泛栽培食用。香蕉味香，富含营养，终年可收获。常用于单独或组合装饰鸡尾酒。

十四、苹果

苹果是蔷薇科苹果亚科苹果属植物，其树为落叶乔木。苹果的果实富含矿物质和维生素，是人们经常食用的水果之一。常用于装饰鸡尾酒。

十五、梨

梨为蔷薇科梨属植物，其果不仅味美汁多，甜中带酸，而且营养丰富，含有多种维生素和纤维素。不同种类的梨味道和质感都完全不同。可用于装饰鸡尾酒。

十六、金橘

金橘是芸香科金柑属下的植物，又称金枣、金柑、小橘子。原分布于中国东南沿海各省，特别是广东地区，种植和食用金橘的历史最悠久，是名副其实的金橘之乡。另外华南及长江中下游也广为栽培。

金橘果实金黄，具清香，挂果时间较长，是极好的观果花卉。同时其味道酸甜可口，用于装饰鸡尾酒比较漂亮。

第三节 花卉类装饰物

调酒中用到的花卉类装饰物很多，常见品种如下。

一、玫瑰花

玫瑰，蔷薇科蔷薇属植物，原产我国，栽培历史已久。既是优良的花灌木，又是重要的香料植物。现在玫瑰花的种类多达一百多种，有白玫瑰花、红玫瑰花、蓝玫瑰花、粉红玫瑰花、淡粉红玫瑰花、黄玫瑰花、双色玫瑰花等。鸡尾酒装饰时常常选择含苞待放的花蕾或新鲜的花瓣进行点缀。

二、丁香花

丁香是雅俗共赏的观赏植物，开时芳菲满目，清香远溢。装饰鸡尾酒时会令人感到风采秀丽，清艳宜人。

三、兰花

兰花是单子叶多年生草本植物，种类很多，花蕾香气高雅，装饰鸡尾酒显得纯洁无瑕。

四、桂花

桂花，集绿化、美化、香化于一体的观赏与实用兼备的优良园林树种。桂花清可绝尘，浓能远溢，堪称一绝。尤其是仲秋时节，丛桂怒放，清香扑鼻，令人神清气爽。常用于装饰鸡尾酒。

五、菊花

菊花品种多，装饰鸡尾酒常选择小朵的雏菊。

六、月季花

月季花被称为花中皇后，又称“月月红”，是常绿、半常绿低矮灌木，四季开花，一般为红色或粉色，偶有白色和黄色，可作为观赏植物，也可作为药用植物。常用于装饰鸡尾酒。

第四节 香草类装饰物

调酒中用到的香草类装饰物很多，常见品种如下。

一、薄荷叶

薄荷的嫩茎叶为食用部分，具有薄荷油，具有特殊的浓烈的清凉香味，用于装饰鸡尾酒，色、香、味、型俱佳。

二、茴香叶（Anise Leaf）

茴香又称小茴香、香丝菜，属伞形科植物。原产欧洲地中海沿岸，全株具特殊香辛味，能除肉中臭气，使之重新添香，故称“茴香”。其叶用于装饰鸡尾酒，能显现酒的婀娜多姿。

三、马佐连香草

马佐连香草又称为牛膝草，原产地中海地区，现已在世界各地普遍种植，牛膝草的叶可用于调味，搓碎或整片使用均可，法国、意大利、希腊等国的菜式使用较为普遍，常用于味浓的菜肴的调味以及鸡尾酒的装饰。

四、罗勒叶

罗勒也称九层塔，是原产于印度的一种香草，味甜而有一种独特的香味，和番茄的味道极其相配，是制作意大利菜肴不可缺少的调味品，常常用于鸡尾酒的装饰。

五、迷迭香

迷迭香原产于地中海沿岸。迷迭香的叶子细长而坚硬，具有一种樟脑型的微香并富含强烈的刺激性。用于装饰鸡尾酒，更能显现酒的型、色和意境。

六、百里香

百里香又名麝香草，原产于欧洲南部，其叶及嫩茎可用于调味，干制品和鲜叶均可，英式、美式、法式菜使用较普遍。鲜叶也用于鸡尾酒的装饰。

七、番茜

番茜又名洋芫荽。它是很理想的装饰性物料，除了新鲜的香草外，切碎了的脱水香草亦可算是用途广泛，其香味颇为清冽，也常用于鸡尾酒的装饰。

八、莳萝

莳萝原为生长于印度的植物，外表看起来像茴香，开着黄色小花，结出小型果实，自地中海沿岸传至欧洲各国。莳萝叶片鲜绿色，呈羽毛状，种子呈细小圆扁平状，味道辛香，多用作调味，有促进消化之效用。常常用于鸡尾酒的装饰。

第五节　其他类装饰物

调酒中用到的其他类装饰物也有很多，常见品种如下。

一、吸管

吸管的种类比较齐全，它的运用给鸡尾酒增添了无穷的乐趣与魅力。

（1）吸管的种类　从形态上分主要有直吸管、可弯吸管、尖头吸管、匙羹吸管、单支包装吸管、艺术装饰吸管等。其具体定义如下：

① 直吸管　直线型的吸管。

② 可弯吸管　一端有波纹，可随意折弯的吸管。

③ 尖头吸管　一端面明显不垂直于轴线的吸管。

④ 匙羹吸管　一端面用再成型方式制成匙羹形状的吸管。

⑤ 单支包装吸管　用食品包装用原纸或塑料薄膜经过独立包装的吸管。

⑥ 艺术装饰吸管　用再加工的方式附上各种饰件的吸管。

（2）吸管的颜色　有单色吸管、双色吸管、三色吸管。

（3）吸管的包装　分塑料袋包装吸管、塑料硬片盒包装吸管、纸盒包装吸管、独立包装吸管等。

二、装饰签

装饰签主要由纸质材料制作，用于鸡尾酒的装饰，其种类比较齐全。

主要有旗签、伞签、水果签、小丑签、烟花签、鸡尾签、蘑菇签、十二生肖动物签等。例如彩色小伞签，它有多种颜色，可以用来装饰鸡尾酒，甚至蛋糕、果盘、冰激凌等，可以直接叉在上面，体验风雨同舟的意境；水果签有红色的苹果、黄色的雪梨，还有草莓、芒果、柠檬、菠萝等，一定会让手中的鸡尾酒更添情趣；烟花签有单层和双层烟花两种造型。签上的丝状铝箔，在灯光下如烟花闪烁迷人的光彩，让鸡尾酒显现扑朔迷离的魅力。

三、调酒棒

调酒棒除了搅拌混合鸡尾酒及饮料之外，还具有装饰效果，赋予鸡尾酒以多变的造型和丰富的色彩。调酒棒的种类比较齐全，有各种各样的形状、丰富多彩的颜色。此外还有发光调酒棒，它是专为酒吧设计的调酒棒，有心形、五星、苹果、圆形等形状，转动调酒棒手柄部位，就会发出七彩光芒，有效地烘托了现场气氛，是节日娱乐及酒吧等必备之品。

四、酒垫

酒垫除了垫衬鸡尾酒之外，还有着其他的一些功能，诸如在酒垫上面艺术设计出本酒吧的招牌、联系电话；撰写上特定鸡尾酒的名称；烘托鸡尾酒的特点等，使鸡尾酒更加散发出迷人的魅力。

五、感应发光冰块

采用食品级聚苯乙烯料及高吸水性树脂电子元件组成的LED电子冰块，冰块底部两个小点具有入水即亮的特性（液体感应），外形仿如真实冰块一般。

感应发光冰块采用电池供电，无化学变化，无毒无害，可放置于各类饮品中增添浪漫及神秘的气氛。感应发光冰块广泛用于各类喜庆，活动或酒店酒吧场所。感应发光冰块颜色多种可选红、黄、蓝、绿、白、七彩（粉紫橙等颜色）。其持续发光时间长达60多小时。

感应发光冰块的使用方法是将发光冰块清洁干净放入水中，它将自动发亮。使用完毕后，用布擦干后放置于干燥的地方以备下次使用。需要注意的是，请勿吞食感应发光冰块，避免放置于温度过高的饮品中。

第五章

鸡尾酒调制工具和设备

第一节　酒杯

在调酒行业中，酒杯俗称载杯，是用来盛载鸡尾酒酒品的杯具。鸡尾酒的载杯几乎包括所有酒品的杯具，单一的杯具无法表现鸡尾酒的特色，而且在容量上也适应不了鸡尾酒的配方要求。随着鸡尾酒的衍变和发展，各种造型和容量的杯具应运而生，使鸡尾酒的载杯琳琅满目，名目繁多。鸡尾酒与载杯，如同鲜花与绿叶搭配，相得益彰。酒杯一般有平光玻璃杯、刻花玻璃杯和水晶玻璃杯等，应根据酒杯的档次、级别和格调加以选用。

酒杯通常包括杯体、杯脚及杯底，有些杯子还带杯柄。任何一种酒杯可能有它们中间的两个或三个部分，根据这一特点，我们将酒杯划分为三类：平底无脚杯（Tumbler Glasses）、矮脚杯（Footed Glasses）和高脚杯（Stemware Glasses）。

一、平底无脚杯

它的杯体有直的、外倾的、曲线型的，酒杯的名称通常是由所装的饮品的名称来确定的（图5-1）。

1. 净饮杯（Shot Glass）

又称清饮杯（Straight Glass），指一口就能喝光的小容量杯子，多于盛装威士忌等烈性酒，容量仅为1～2oz（1oz=29.27mL，美制）。为能充分欣赏威士忌酒的琥珀色，最好使用无色透明的酒杯。

2. 古典杯（Old Fashional Glass & Rock Glass）

又称为老式杯或岩石杯，原为英国人饮用威士忌的酒杯，也常用于装载鸡尾酒，现多用此杯盛载烈性酒加冰。古典杯呈直筒状或喇叭状，杯口与杯身等粗或稍大，无脚，容量为6～8oz，以8oz居多。其特点是壁厚、杯体短，有“矮壮”、“结实”的外形。这种造型是由英国人的传统饮酒习惯造成的，他们在杯中调酒，喜欢碰杯，所以要求酒杯结实，具有稳重感。

3. 海波杯（High Ball Glass）

又叫“高球杯”，为大型、平底或有脚的直身杯，多用于盛载长饮类鸡尾酒或软饮料，一般容量为5 ～ 9oz。

4. 哥连士杯（Collins Glass）

又称长饮杯，其形状与海波杯相似，只是比海波杯细而长，其容量为10 ～ 14oz，标准的长饮杯高与底面周长相等。哥连士杯常用于调制“汤姆哥连士”一类的长饮，饮用时通常要插入吸管。

5. 库勒杯（Cooler Glass）

形状与哥连士杯相似，只是杯身内收，容量为14 ～ 16oz，主要用来盛载库勒类长饮品种。

6. 森比杯（Zombie Glass）

森比杯如烟囱一样的直筒杯，容量为14 ～ 18oz，主要用来盛载森比类长饮品种。

7. 比尔森杯（Pilsener Glasses）

杯身上大下小，收腰，容量为12 ～ 14oz，主要用来盛载啤酒品种。

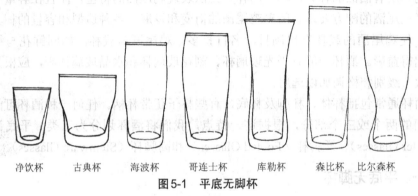

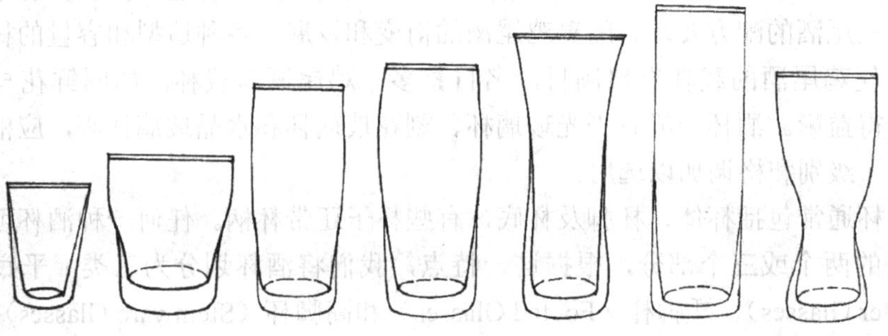

图5-1　平底无脚杯

二、矮脚杯

矮脚杯见图5-2。

1. 矮脚古典杯（Footed Old Fashional Glass）

具有传统古典杯的特点，同时，也具有矮脚，容量为6 ～ 8oz，主要用来盛载烈性酒或酒度较高的鸡尾酒等。

2. 啤酒杯（Beer Glass）

矮脚，成漏斗状，容积大至10oz以上。啤酒气泡性很强，泡沫持久，占用空间大，酒度低至5%以下。故要求杯容大，安放平稳。矮脚或平底直筒大玻璃杯恰好予以满足。不过，这种酒杯造型比较普通，现在也有用各类卵形杯、梯状杯和有柄杯盛装啤酒的，甚至还有更高档的啤酒杯。

3. 白兰地杯（Brandy Snifter）

白兰地杯为短脚、球形、杯口缩窄式专用酒杯，用于盛装白兰地酒，也可用于长饮类鸡尾酒。这种杯子容量很大，通常在8oz左右。

4.飓风杯（Hurricane Glass）

飓风杯，得名于杯子的形状像风灯（英文叫飓风灯）的罩。适合于装盛热带鸡尾酒，像Pina Colada之类的鸡尾酒很多都用这种杯子装的。

图5-2　矮脚杯

三、高脚杯

高脚杯见图5-3。

1. 鸡尾酒杯（Cocktail Glass）

鸡尾酒杯是高脚杯的一种，可分为梯形鸡尾酒杯和三角鸡尾酒杯。杯皿外形呈三角形或梯形，皿底有尖形和圆形。脚为修长或圆粗，光洁而透明，杯的容量为2 ～ 6oz，其中4.5oz用得最多。专门用来盛放各种短饮。

2. 酸酒杯（Sour Glass）

通常把带有柠檬味的酒称为酸酒，饮用这类酒的杯子称为“酸酒杯”。酸酒杯为高脚，杯身呈“U”字形，容量为4 ～ 6oz。

3. 玛格丽特杯（Margarita）

玛格丽特为高脚、宽酒杯，其造型特别，杯身呈梯形状，并逐渐缩小至杯底，容量为7 ～ 9oz，用于盛装“玛格丽特”鸡尾酒或其他长饮类鸡尾酒。

4. 香槟杯（Champagne Glass）

香槟杯用于盛装香槟酒，用其盛放鸡尾酒也很普遍。其容量为4.5 ～ 9oz，以4oz的香槟杯用途最广。香槟杯主要有三种杯型。

（1）浅碟形香槟杯（Champagne Saucer）　为高脚、宽口、杯身低浅的杯子，可用于装盛鸡尾酒或软饮料，还可以叠成香槟塔。

（2）郁金香形香槟杯（Champagne Tulip）　是高脚、长杯身，呈郁金香花造型的杯子，可用来盛放香槟酒，并能充分欣赏酒在杯种气泡的乐趣。

（3）笛形香槟杯（Champagne Flute）　是高脚、杯身呈笛状的杯子。

5. 葡萄酒杯（Wine Glass）

有红葡萄酒杯和白葡萄酒杯之分。其中，前者用于盛载红葡萄酒，亦可用于盛载鸡尾酒。其杯型为高脚，杯身呈圆筒状，容量为8 ～ 12oz；后者用于盛载白葡萄酒或鸡尾酒，其杯身比红葡萄酒杯细长，容量为4 ～ 8oz。为了充分领略葡萄酒的色、香、味，酒杯的玻璃以薄为佳。

6. 利口酒杯（Liqueur Glass）

利口酒杯为小型高脚杯，杯身呈管状，可用来盛载五光十色的利口酒、彩虹酒等，也可用于伏特加酒、朗姆酒、特基拉酒的净饮，其容量为1 ～ 2oz。

图5-3 高脚杯

第二节 常用器具

一、果汁制备器具

制备果汁时，可按照水果的种类、用量、大小等可采用不同的方法，如挤汁、压汁和榨汁等。经常使用到的器具为榨汁器。

常用的榨汁器是塑料制品，用法简单，只要切开的水果放在榨汁头上用手一拧即可出汁。但不可用力太大，以免果皮细胞的成分也被挤出来，使果汁出现苦涩味。如果要榨苹果汁、西瓜汁、哈密瓜汁或雪梨汁之类的，就要使用电动榨汁机。

二、冰用器具

（1）滤冰器（strainer） 在投放冰块用调酒杯调酒时，必须用滤冰器过滤，留住冰粒后，将混合好的酒倒进载杯。滤冰器通常用不锈钢制造。

（2）冰桶（ice bucket） 冰桶为不锈钢或玻璃制品，为盛冰块专用容器，便于操作时取用，并能保温，使冰块不会迅速融化。

（3）冰夹（ice tongs） 不锈钢制，用来夹取冰块。

（4）冰铲（ice scoop） 舀起冰块的用具，既方便又卫生。

（5）碎冰器（ice crusher） 把普通冰块碎成小冰块时使用的器具。

（6）冰锥（ice awl） 用于锥碎冰块的锥子。

（7）香槟桶（champagne bucket） 香槟桶有木制、不锈钢制和银制三种，用以加入冰块冷藏香槟酒、白葡萄酒等。

此外，还有刨冰器，制作冰块用的冰盒、冰盘等。

三、调配器具

1.调酒壶（shaker）

调酒壶主要有两种型式：一种称波士顿式调酒壶；另一种为标准型调酒壶。常用于多种原料混合的鸡尾酒或加入蛋、奶等浓稠原料的鸡尾酒。通过调酒壶剧烈的摇荡，使壶内各种原料均匀地混合。

标准型调酒壶又叫摇酒壶，通常用不锈钢、银或铬合金等金属材料制造。目前市场常见的分大、中、小三号。调酒壶包括壶身、滤冰器及壶盖三部分组成。用时一定要先盖滤冰器，再加上盖，以免液体外溢。使用原则，首先放冰块，然后再放入其他料，摇荡时间以不超过20s为宜。否则冰块开始融化，将会稀释酒的风味。用后立即打开清洗。

波士顿式调酒壶（也称为波士顿式对口杯）是由银或不锈钢制成的混合器，也有少数为玻璃制品。但常用的组合方式是一只不锈钢杯和一只玻璃杯，下方为玻璃摇酒杯，上方为不锈钢上座，使用时两座对口嵌合即可。

除了这两种外，还有法式调酒壶、企鹅壶（penguins）、子弹壶（bullet）、飞艇（zeppelins）等。

2.量酒器（double jigger）

俗称葫芦头、雀仔头，是测量酒量的工具。通常为不锈钢制品，有不同的型号，两端各有一个量杯，常用的是上部30mL、下部45mL的组合型，也有30mL与60mL、15mL与30mL的组合型。

3.调酒杯（missing glass）

调酒杯别名“吧杯”、“师傅杯”或“混合皿”，是由平底玻璃大杯和不锈钢滤冰器组成，主要用于调制搅拌类鸡尾酒。通常，在杯身部印有容量的尺码，供投料时参考。

4.吧匙（bar spoon）

吧匙又称“调酒匙”，是酒吧调酒专用工具，为不锈钢制品，比普通茶匙长几倍。吧匙的另一端是匙叉，具有叉取水果粒或块的用途，中间呈螺旋状，便于旋转杯中的液体和其他材料。

5.调酒棒（missing stick）

大多是塑料制品，可作为酒吧调酒师在用调酒杯调酒时的搅拌工具，亦可插在载杯内，供客人自行搅拌用。

6.长勺（long spoon）

调制热饮时代替调酒棒，否则易弯曲，酒味易混浊。

7.俎板（cutting board）

俎板用以切水果和制作装饰品。

8. 果刀（knife）

为不锈钢制品，用以切水果片。

9. 长叉（bar fork）

为不锈钢制品，用以叉取樱桃及橄榄等。

10. 糖盅（sugar bowl）

糖盅用以盛放砂糖。

11. 盐盅（salt bowl）

盐盅用以盛放细盐。

12. 托盘（tray）

托盘用不锈钢、塑料、木制均可，有供酒用和供食物用两种。

13. 红酒篮（wine cradle）

红葡萄酒不用冰镇，服务前放置于酒篮中。

14. 雪糕勺（ice cream dipper）

为不锈钢制品，用于挖取雪糕球。

15. 奶壶（milk jug）

属不锈钢制品，用以盛淡奶。

16. 水壶（water jug）

为不锈钢或塑料制品，用以盛水。

17. 柠檬夹（lemon tongs）

用于夹取柠檬片。

18. 酒嘴（pourer）

一头粗，一头细，装在瓶口后，控制酒的流量。

19. 剥皮器（zester）

通常用来剥酸橙或柠檬皮。

20. 漏斗（funnel）

用于倒果汁、饮料用。

21. 特色牙签（tooth picks）

用以串插各种水果点缀品。特色牙签是用塑料制成的，也是一种装饰品，也可用一般牙签代替。

22. 吸管（drinking straw）

一端可弯曲，供客人吸饮料用；有多种颜色，外观美丽，亦是一种装饰品。

23. 杯垫（cup mat）

垫在杯子底部，直径为10cm的圆垫。有纸制、塑料制、皮制、金属制等，其中以吸水性能好的厚纸为佳。

24. 洁杯布（cup towel）

棉麻制的擦杯子用的揩布。

25.无纤维毛巾（towel）

用以包裹冰块，敲打成碎冰。

四、开启包装材料用器具

开启包装材料用器具主要为瓶开，它的种类较多，具体如下。

1. 开塞钻（cork screw）

俗称酒吧开刀（waiter's knife & waiter's friend），用于开启红、白葡萄酒瓶的木塞，也可用于开汽水瓶、果汁罐头。

2. T形起塞器（T-screw）

用于开启红、白葡萄酒瓶的木塞。

3. 开瓶器（opener）

用于开启汽水、啤酒瓶盖。

4. 开罐器（can opener）

用于开启各种果汁、淡奶等罐头。

5. 木槌（mallet）

用木料制成，用于敲打锈住的金属瓶盖，旋开瓶盖，也可用于敲打制成的冰块。

第三节　常用设备

一、制冷设备

1. 冰箱（refrigerator）

也称雪柜、冰柜，是酒吧中用于冷藏酒水饮料，保存适量酒品和其他调酒用品的设备，大小、型号可根据酒吧规模、环境等条件选用。柜内温度要求保持在4～8℃。冰箱内部分层、分隔以便存放不同种类的酒品和调酒用品。通常白葡萄酒、香槟、玫瑰红葡萄酒、啤酒需放入柜中冷藏。

2. 立式冷柜（wine cooler）

专门存放香槟和白葡萄酒用。里面分成横竖成行的格子，香槟及白葡萄酒横插入格子存放。温度保持4～8℃。

3. 制冰机（ice cube machine）

酒吧中制作冰块的机器，可自行选用不同的型号。冰块形状也分为四方体、圆体、扁圆体和长方条等多种。四方体形的冰块使用起来较好，不易融化。

4. 碎冰机（crushed ice machine）

酒吧中因调酒需要许多碎冰，碎冰机也是一种制冰机，但制出来的冰为碎粒状。

5. 生啤机（draught machine）

生啤酒为桶装。一般客人喜欢喝冰啤酒，生啤机专为此设计。生啤机分为两部分——气瓶和制冷设备。气瓶装二氧化碳用，输出管连接到生啤酒桶，有开关控制输出气压。工作时输出气压保持在2.5MPa（有气压表显示）。气压低表明气体用完，需另换新气瓶。制冷设备是急冷型的。整桶的生啤酒无需冷藏，连接制冷设备后，输出来的便是冷的生啤酒，泡沫厚度可由开关控制。生啤机不用时，必须断开电源并取出插入生啤酒桶口的管子。生啤机需每15天由专业人员清洗一次。

6. 苏打枪（handgun for a soda system）

它是用来分配含气饮料的系统。这一装置包括一个喷嘴和七个按钮，可分配七种饮料，如苏打水、汤力水、可乐、七喜、哥连士饮料、干姜水、薄荷水。它可以保证饮品供应的一致性。

7. 饮料自动分配系统（electronic dispensing system）

与苏打枪原理相似，但它是用来分配酒吧常售酒品的系统。

8. 上霜机（glass chiller）

用来冰镇酒杯的设备。

二、清洗设备

清洗设备主要是洗杯机（washing machine）。

洗杯机中有自动喷射装置和高温蒸汽管。较大的洗杯机，可放入整盘的杯子进行清洗。一般将酒杯放入杯筛中再放进洗杯机里，调好程序按下电钮即可清洗。有些较先进的洗杯机还有自动输入清洁剂和催干剂装置。洗杯机有许多种，型号各异，可根据需要选用，如一种较小型的、旋转式洗杯机，每次只能洗一个杯，一般装在酒吧台的边上。

在许多酒吧中因资金和地方限制，还得用手工清洗。手工清洗需要有清洗槽盘。

三、其他常用设备

1. 电动搅拌机（blender）

调制鸡尾酒时用于较大分量搅拌或搅碎一些含水果的鸡尾酒品种。

2. 果汁机（juice machine）

果汁机有多种型号，主要作用有两个：一是冷冻果汁；二是自动稀释果汁（浓缩果汁放入后可自动与水混合）。

3. 榨汁机（juice squeezer）

用于榨鲜橙汁或柠檬汁。

4. 奶昔搅拌机（milk shake blender）

用于搅拌奶昔（一种用鲜牛奶加冰激凌搅拌而成的饮料）。

5. 咖啡机（cafe machine）

煮咖啡用，有许多型号。

6. 咖啡保温炉（cafe warmer）

将煮好的咖啡装入大容器放在炉上保持温度。

第四节　常用器具设备的清洗、消毒和酒杯擦拭

一、器皿的清洗与消毒

器皿包括酒杯、碟、咖啡杯、咖啡匙、点心叉、烟灰缸、滤酒器等（烟灰缸只用自来水冲洗干净就行了）。清洗时通常分为四个程序：冲洗→浸泡→漂洗→消毒。

1. 冲洗

用自来水将用过的器皿上的污物冲掉，这道程序必须注意冲干净，不留任何点状、块状的污物。

2. 浸泡

将冲洗干净的器皿（带有油渍或其他冲洗不掉的污物）放入洗洁精溶液中浸泡，然后擦洗直到没有任何污渍为止。

3. 漂洗

把浸泡后的器皿用自来水漂洗，使之不带有洗洁精的味道。

4. 消毒

用开水、高温蒸汽或化学消毒法（也称药物消毒法）。常用的消毒方法有高温消毒法和化学消毒法。凡有条件的地方都要采用高温消毒法，其次才考虑化学消毒法。

（1）煮沸消毒法　煮沸消毒法是公认的简单而又可靠的消毒法。将器皿放入水中后，将水煮沸并持续2～5min就可以达到消毒目的。但要注意：器皿要全部浸没水中；消毒时间从水沸腾后开始计算；水沸腾后中间不能降温。

（2）蒸汽消毒法　消毒柜（车）上插入蒸汽管，管中的流动蒸汽是过饱和蒸汽，一般温度在90℃左右。消毒时间为10min。消毒时要尽量避免消毒柜漏汽。器皿堆放要留有一定的空间，以利于蒸汽穿透流通。

（3）远红外线消毒法　属于热消毒，使用远红外线消毒柜，在120～150℃高温下持续15min，基本可达到消毒目的。

（4）化学消毒法　一般情况下，不提倡采用化学消毒法，但在没有高温消毒的条件下，可考虑采用化学消毒法。常用的药物有氯制剂（种类很多，使用时用其质量分数为0.1%的溶液浸泡器皿3～5min）和酸制剂（如过氧乙酸，使用0.2%～0.5%溶液浸泡器皿3～5min）。

二、用具的清洗与消毒

用具指酒吧常用工具，如酒吧匙、量杯、摇酒器、电动搅拌机、水果刀等。用具通常只接触酒水，不接触客人，所以只需直接用自来水冲洗干净就行了。但要注

意：酒吧匙、量杯不用时一定要泡在干净的水中，水要经常换；摇酒器、电动搅拌机每使用一次需要清洗一次。消毒方法也采用高温消毒法和化学消毒法。

常用的洗杯机是将浸泡、漂洗、消毒3个程序结合起来的，使用时先将器皿用自来水冲洗干净。然后放入筛中推入洗杯机里就行了。但要注意经常换机内缸体中的水。旋转式洗杯机是由一个带刷子和喷嘴的电动机组成，把杯子倒扣在刷子上，一开机就有水冲洗，注意不要用力把杯子压在刷子上，否则杯子会被压破。

三、杯具的擦拭

酒杯不仅是喝饮料的器皿，它也被人们奉为圣洁之物，不允许有点滴的污渍，要求一尘不染。酒杯的擦拭方法如下。

① 将洁杯布（宽约70cm）打开，将拇指放于里面，拿住两端。

② 左手持布，手心朝上，右手离开。

③ 右手拿过杯子，杯底放入左手心中，握住。

④ 右手中、食指从洁杯布的另一端（对角线部分夹起），插入杯中至底部。

⑤ 右手拇指插入杯中，其他手指握住杯子外部，然后左右交替转动，擦拭杯子，操作过程中，可以将酒杯举起，对着灯光照看一下，是否擦拭透明干净。

⑥ 擦拭完毕后，用右手握住杯子的下部，放置于指定的地方备用。

第六章

鸡尾酒调制方法与整体设计

第一节　鸡尾酒的调制方法

在鸡尾酒的调制过程中，各种经典配方，巧妙地选择了具有固定色、香、味、型等风味特征的材料，作为基酒、辅料、装饰物等，通过合适的调酒方法，利用摇动、搅拌、掺兑以及电动调和可以使材料很快冷却。同时，比较烈的酒，也可以借着此类动作，变得较容易入口；有些不易调在一起的材料，也可借此混合在一起，使之形成全新的或保持、稳定、加强基酒的原味的一类饮品——鸡尾酒。

在鸡尾酒的调制过程中，主要应用了色彩调和搭配的美学原则、香气调制的相关理论、口味搭配与味觉生理等相关理论和实践，使鸡尾酒成为一种色泽和谐、香气协调、口味卓绝、形状美观、风格迥然、卫生安全的具有一定营养保健功能的混合酒。

一、鸡尾酒调制的类型

鸡尾酒的调制方法从大的方面来说，不外乎三种类型：英式调酒、花式调酒（美式调酒）和分子调酒。每一种类型的调酒，也有具体的调酒方法。

（一）英式调酒

英式调酒主要工作环境大都是在中高档高雅舒适的酒吧，这些酒吧大多数都播放或现场吹弹高雅经典的音乐，主要接待和服务中上流有品味的人士。

1. 调制方法

英式鸡尾酒调制的方法多种多样，但常见的方法主要有以下几种。

（1）摇晃法（shaking）　摇晃法又称摇动法或摇和法，即使用摇酒壶将鸡蛋、牛奶、奶油、糖浆、果汁等与基酒进行摇匀的一种调酒方法。用此调制的鸡尾酒，如红粉佳人（Pink Lady）、曼哈顿（Manhattan）、白兰地蛋诺（Brandy Eggnog）、玛格丽特（Margaret）等。

（2）搅拌法（stirring）　采用调酒杯和吧匙调配鸡尾酒的方法叫搅拌法。用这种方法调制的鸡尾酒，大部分都是由澄清的辅料和基酒混合而成的，如螺丝钻

（Gimlet）、葡萄酒库勒（Wine Cooler）、金巴利苏打（Campari Soda）等。用此法调制的酒，比使用摇晃法更能保持酒的原味。

（3）兑和法（building） 直接在载杯内混合制作鸡尾酒的方法叫兑和法，亦称掺兑法。它适合于两种饮料极易混合的酒品，例如马天尼（Martini）、清酒马天尼（Saketini）、咸狗（Salt Dog）等，就是依此法调制的。

（4）电动搅和法（electric blending） 搅和法是把酒水与碎冰块或刨冰按配方分量放进电动搅拌机中，启动电动搅拌10s后，连冰带酒水一起倒入载杯中。这种方法调制的鸡尾酒多使用哥连士杯和特饮杯。

（5）漂浮法（floating） 漂浮法是指利用各种酒水有不同密度的特点，按其相对密度的大小，使一种酒漂浮于另一种酒上面，使同一杯中的数种酒不相混合的调酒方法。主要用于调制“彩虹鸡尾酒”（Rainbow）。

2. 规范动作

（1）摇晃法的规范动作

① 单手摇壶法的规范动作 单手摇壶法适用于小号和中号的标准调酒壶（250mL和350mL）。

a. 在调酒器中装入四分满冰块。正确量好所需材料，依序倒入调酒器中。套上过滤网，盖上盖子，用右手或左手食指顶住壶盖，大拇指及中指、无名指、小指分别环绕在调酒壶两侧。

b. 摇动调酒壶15～16次。手腕左右摇动的同时，整个手臂要上下呈“S”形或“8”字形摇动轨迹，循环往返。其间，冰块在壶体中发出铿锵的节奏声。如果壶中有鸡蛋、奶油等材料，则增加摇动次数至20～30次。

c. 打开摇酒壶，倒出酒液。

② 双手摇壶法的规范动作 双手摇晃法适用于大号调酒壶（530mL）。

a. 在调酒器中装入四分满冰块。正确量好所需材料，依序倒入调酒壶中。套上过滤网，盖上盖子，用右手大拇指紧压盖顶，用无名指与小指夹住调酒壶，用中指与食指指前端压住调酒壶。然后，以左手的中指与无名指抵住调酒壶底部，以左手的大拇指压住过滤网下方的位置，以食指与小指夹住调酒壶壶身。为了保持调酒器中的冰块不被手温影响而融化，手掌绝不可贴住调酒壶壶身。

b. 摇动的方法有两种，一种是采取水平前后摇动，另一种是采取斜向上下摇动。水平前后摇动时，双手拿着调酒壶，移至肩膀与胸部的正中位置，保持水平，前后作有韵律的动作15～16次。若添加蛋、奶油等不易混合的材料时，则至少要用力摇动30次左右。

斜向上下摇动时双手拿着调酒壶，移至右肩前方，壶底向上，在右胸前作斜线上下摇动，摇动次数与前者同。

c. 摇动结束后，取下调酒壶盖子，用食指紧压过滤网上方以防脱落，将调好的酒倒入酒杯中饮用。

（2）搅拌法的规范动作

① 调酒杯中预先放入适量的冰块，正确量好材料用量，依顺序倒入杯中。

② 用吧匙搅拌的要领是用左手手指压住调酒杯底部，吧匙的螺旋状部位夹在右手中指与无名指之间，大拇指与食指轻轻夹在上方，以中指与无名指用力往右的方向（顺时针）搅动10～15次。搅动时，吧匙应保持抵住杯底的状态。当左手指感觉冰凉，调酒杯外有水气溢出时，搅拌即应停止。

③ 搅拌完成欲取出吧匙时，吧匙的背部要朝上再取出。

④ 将滤冰器盖在调酒杯口上，用右手食指压住滤冰器，其他手指则紧紧压住调酒杯身，将调好的酒滤入事先备好的载杯中。

（3）兑和法的规范动作　兑和法的操作与搅拌法相同，不同之处是兑和法直接把原料兑入载杯，其操作方法很简单。

① 先取冰块2～3块放入酒杯中，正确量好材料，倒入酒杯内。

② 用吧匙或调酒棒搅拌1～2次，即送给顾客。若有必要，还应装饰。个别配方则要求把调酒棒插入杯内，由客人自行搅拌。

（4）电动搅和法的规范动作

① 添加水果时，应先将水果去皮，切小切薄。

② 将水果块或片放入搅拌机，倒入碎冰，最后将材料依序倒入，盖紧盖子，打开开关，将材料打成浆露状。

③ 取下搅拌机盖子，倒入酒杯中饮用。

（5）漂浮法的规范动作

① 调制时，密度大的酒水先倒入，密度小的后倒入。如果不按顺序斟注，或两种颜色的酒水的密度相差很小，就会使酒水混合在一起，配制不出层次分明、色彩艳丽的多色彩虹酒。

② 操作时，不可将酒水直接倒入杯中。为了减少倒酒时的冲力，防止色层融合，可用一把长柄匙斜插入杯内，匙背朝上，贴住酒杯内壁，再依序把各种酒水沿着匙背缓缓倒入，使酒水从杯内壁缓缓流下。

③ 可在调制成的彩虹酒上点燃火焰，以增加欢乐的气氛。

3. 调制步骤

鸡尾酒的种类很多，一般调制步骤如下。

（1）短饮　选杯→放入冰块→溜杯→选择调酒用具→传瓶→示瓶→量酒→搅拌（或摇壶）→过滤→装饰→服务。

（2）长饮　选杯→放入冰块→传瓶→示瓶→量酒→搅拌（或掺兑）→装饰→服务。

4. 注意事项

（1）摇晃法的注意事项

① 手心不要紧靠摇酒壶，以防手温传递到壶内，使冰块过多融化而冲淡酒味。

② 横看要呈水平姿势，在胸前呈45°角有节奏、似活塞般运动于肩胸之间。摇

动时要快速、剧烈，铿锵有声，使各种材料充分混合。

③ 当指尖感到凉意，摇酒壶表面挂霜时，要迅速取下壶盖，用食指扣住过滤网，将其中已调好的鸡尾酒滤入鸡尾酒杯，冰块则留在壶内。

④ 调制需要加含汽的配料，如雪碧、可乐、苏打水、汤力水等碳酸饮料的长饮时，则首先要将碳酸饮料以外的材料摇晃，摇匀后倒入载杯中，再加入碳酸饮料轻轻搅拌即成。

⑤ 摇晃时，姿势要优美，脸部表情自然，体态要协调、大方。

（2）搅拌法的注意事项

① 搅拌时应防止酒液溅出。

② 搅拌时间不能过长，不能太激烈，以免破坏酒的个性。

（3）兑和法的注意事项

① 所使用的材料需经过冰凉。

② 不能用酒杯直接到制冰机中去取冰，而必须用冰夹取冰入杯，冰的装量不能超过杯子容量的3/4。

③ 搅拌次数以2次为原则。

（4）电动搅和法的注意事项

① 此法适用于基酒与某些固体实物混合的饮品，尤其是含有水果或果汁的鸡尾酒，如调制香蕉黛克瑞（Banana Daiquiri）、草莓黛克瑞（Strawberry Daiquiri）。

② 电动搅拌机也可与手摇调酒壶互相代替。用电动法调酒，速度快、省力，但调出的饮品味道不及手摇调酒壶调出的柔和。

（5）漂浮法的注意事项

① 配制多色酒的关键，是要准确掌握各种酒水的含糖度，含糖越高，其密度越大，反之则小。配制多色酒宜选用含糖量各不相同、色泽各异的酒。

② 配制多色酒，还要掌握注入的各种颜色的酒水量要相等，看上去各色层次均匀分明，酒色鲜艳。

③ 操作时，动作要轻，速度要慢，要避免摇晃。

④ 配制成的多色酒，不宜久放，否则时间长了，酒内的糖分容易溶解，会使酒色互相渗透融合。

⑤ 用国产酒配制多色酒时，因目前含多种糖分的有色酒的品种还不多，故带来一定的困难。变通的办法是，可用糖浆加食用色素配成各种甜酒，这样可配制成国产多色酒。

（二）花式调酒（美式调酒）

花式调酒起源于美国，又称美式调酒，特点是在较为规矩的英式调酒过程中加入一些花样的调酒动作，如抛瓶类杂技动作，以及魔幻般的互动游戏，起到活跃酒吧气氛、提高娱乐性的作用。花式调酒充满动感，观赏性强，而酒的色、香、味、型、格等倒在其次，好像并不重要了。花式调酒主要工作的环境是一些演艺酒吧或是一些中低档的酒吧，这些酒吧主要是以节目表演为主，主要接待和服务社会大众人士。许多娱乐性酒吧由于缺少花式调酒师，只能采取特约、特聘的形式邀请为数不多的花式调酒师做兼职表演。在美国、日本、韩国等国家，顶尖花式调酒师的名气和收入不亚于一些歌星和影星。因此，花式调酒在国内孕育着很大的发展潜力。

1. 动作规范

（1）基本动作

① 翻瓶。翻瓶是花式调酒的基础动作，左右手要熟练掌握。

② 手心横向旋转酒瓶。手心横向旋转酒瓶是锻炼用手腕控制酒瓶时手腕的力度。

③ 手心纵向旋转酒瓶。手心纵向旋转酒瓶也是锻炼用手腕控制酒瓶时手腕的力度。

④ 抛掷酒瓶一周半倒酒。

⑤ 卡酒、回瓶。抛掷酒瓶一周半倒酒、卡酒、回瓶是花式调酒最常用的倒酒技巧，要左右手都能熟练掌握。

⑥ 直立起瓶。

⑦ 直立起瓶手背立起。

⑧ 一周拖瓶。手背拖瓶锻炼酒瓶立于手背上时手的平衡技巧，要左、右手熟练掌握。

⑨ 正面两周翻起瓶。

⑩ 正面两周倒手。正倒手是花式调酒最常用的倒手技巧。

⑪ 抢抓瓶。抢抓瓶要求左、右手熟练掌握。

⑫ 手腕翻转瓶。

⑬ 背后直立起瓶。

⑭ 背后翻转酒瓶两周起瓶。

⑮ 反倒手。

⑯ 抛瓶一周手背立瓶。

⑰ 背后抛掷酒瓶。

⑱ 衔接动作，要熟练掌握。

⑲ 绕腰部抛掷酒瓶。

⑳ 绕腰部抛掷酒瓶手背立。

㉑ 外向反抓。

㉒ 抛掷酒瓶一击手拍瓶背后接。

㉓ 头后方接瓶。

㉔ 滚瓶。

（2）组合练习动作

① 翻瓶。

② 抛掷酒瓶一周半倒酒+卡酒+回瓶。

③ 直立起瓶手背立+拖瓶（60s）。

④ 正面翻转两周起瓶+正面两周倒手+一周半倒酒，卡酒，回瓶+手腕翻转酒瓶+抢抓瓶。

⑤ 背后直立起瓶+反倒手+翻转酒瓶两周背接。

⑥ 手抛瓶一周立瓶+两周撤瓶+背后抛掷酒瓶手背立。

⑦ 抛掷酒瓶外向反抓+腰部抛掷+转身拍瓶背后接。

⑧ 头后方接瓶+滚瓶+反倒手+外向反抓+腰部抛掷酒瓶+转身拍瓶背后接。

（3）动作规范解析　花式调酒主要是手部的动作表演，辅以身体姿势的变换及脚步的移动。因此，根据抛瓶的位置和手部的动作特点可归纳以下15种技法。

① 上抛（tossing-up）的规范动作　上抛酒瓶。右手指捏住瓶颈上端，向上后勾抛起，使瓶子向后翻转下落后，再用右手接住。

② 侧抛（tossing-side）的规范动作　侧抛酒瓶。右手握住瓶颈中部，然后向左侧上方勾抛，使瓶子从右向左弧线形滚动下落后，用左手接住瓶颈。如用左手握瓶侧抛，则改右手接瓶。

③ 背抛（tossing-back）的规范动作　背后抛瓶。右手捏住瓶颈，绕往背部向左侧上方斜抛，并迅速用左手接住瓶身，或使瓶子停立于手背之上。如果用左手持瓶，则改右手接瓶。

④ 后勾（tossing-back）的规范动作　后勾抛瓶。右手捏住瓶颈上部，顺右臂腋下向后勾抛，瓶子绕过右侧肩部上方后，用右手迅速接住瓶颈或使瓶子停立于右手背上。操作时，上下臂不要过多地摆动，整个身体保持相对的稳定姿势。

⑤ 直立（erecting）的规范动作　酒瓶直立于手背之上。将瓶子抛起，自由落下后瓶底朝下停立于手背之上。操作者可通过各种手法抛动瓶子，使其下落后停立于手背上。接瓶时，手臂和手要做出缓冲的动作，使瓶子轻巧地停立于手背上，以防砸伤手背。

⑥ 倒立（bottle-handstand）的规范动作　酒瓶倒立于手背之上。将瓶子抛起，自由落下后瓶口朝下，停立于手背上。操作者可通过各种手法抛动瓶子，使其下落后倒立于手背上。由于瓶口面积很小，停立难度很大，通常在瓶子瞬间停立后，可立即转变做其他动作。

⑦ 胯下抛（crotch- throwing）的规范动作　胯下抛瓶。右手捏住瓶颈，右小腿弯曲并上抬，将瓶子绕右腿胯下向上方抛起，并迅速用左手接瓶。如用左手，则方向相反。胯下抛要注意不要斜抛，应尽量把瓶子往上直抛，以方便接瓶。

⑧ 滚动（rolling）的规范动作　瓶子在操作者的手臂、肩部、背部上自然滚动。将右手四个手指合拢并与大拇指分开，握住瓶身中部，抬高并伸直手臂，利用手指

提拉、卷动，使瓶子沿着右手背、右手臂、右肩等方向滚动至背部，最后左手绕至背部后面接住瓶子。此法的各个动作应一气呵成，自然流畅。

⑨ 旋转（rotation）的规范动作　旋转酒瓶。操作者右手握瓶颈，四个指头合拢，并与大拇指分开，利用手指和手腕转动之力，将瓶子紧贴着手指自然翻转两圈后，右手再握住瓶身下部，然后依此法不停地翻转。

⑩ 画圆（circling）的规范动作　手持瓶画圆。左右手各持一个酒瓶，左手保持在胸部前面并握住瓶身中部，右手捏住瓶颈上端，并以左手为圆心，挥瓶画圆，每画一圈左手必须松开瓶子，让瓶子腾空后再迅速握瓶。

⑪ 抛瓶入壶（throwing the bottle into the shaker）的规范动作　让上抛的瓶子落入调酒壶内。制作时一手持摇酒壶，一手采用任意方法上抛瓶子，使瓶子翻转滚动，最后让瓶子底部朝下，准确落入摇酒壶内。

⑫ 抛壶盖瓶（throwing a shake cover the bottle）的规范动作　抛动摇酒壶，使之倒盖在瓶颈上。操作者一手持摇酒壶，一手握住瓶身中部，然后上抛摇酒壶，使壶体翻转滚动落下，并准确倒扣住瓶颈。

⑬ 双指旋瓶（spinning the bottle with two fingers）的规范动作　用食指和中指夹住瓶颈上端，掌心向上，然后利用两个手指扭转的力气，把瓶子向外侧上方转动绕一圈后，变成中指和无名指夹住瓶颈，掌心呈向下的姿势。然后再将瓶子向身体内侧方向勾起，180° 转动后，使食指和中指夹住瓶颈上端，掌心向上。

⑭ 击旋酒瓶（hitting & spinning the bottle）的规范动作　左手握住瓶身中部，右手击打瓶身下部，使瓶子翻转一圈后，用右手握住瓶颈中部。

⑮ 双手轮转抛瓶（throwing the bottle with two hands）的规范动作　右手握住瓶颈，侧抛180° 后，用左手轻按瓶身底部后，使瓶子翻转一圈后，再用左手握住瓶颈。

2. 动作训练要求

花式调酒不仅要求调酒师能够调制出可口的鸡尾酒，调酒师还要能在众多观众的注视下做出优美的调酒动作，这就需要调酒师根据要求，进行表演方面的练习，从而使调酒师在进行调酒表演的过程中能更好地展现调酒技巧。

（1）基本功训练　使人眼花缭乱的动作其实是扎实的基本功训练的体现，所以基本功的训练是要不断、刻苦地练习。

（2）心理素质　在众多观众的注视下表演必然要求花式调酒师要有良好的心理承受能力。调酒师在做表演过程中只做自己有把握的动作，并且不要让偶尔的失手影响了后面的表演。

（3）乐感训练　调酒师在表演过程中经常伴随着各式各样的音乐，所以调酒师的花式动作要与音乐的节奏配合，进行训练。一个好的调酒表演经常要由音乐制造出好的气氛。

（4）舞蹈训练　只有漂亮且自如的动作才能给观众好的感觉，练习现代舞蹈可以使调酒师身体的协调性保持良好的状态，使花式调酒表演更加具有观赏性。

总之，首先是基本功训练阶段。这个阶段要付出很大的努力和代价。花式调酒技术水平的提高需要恒心和毅力。其次是乐感和舞蹈训练阶段。这个阶段参与调酒培训的人们主要采取的是根据自己对音乐的喜好和基本动作的协调程度，来选择合适自己的音乐并配合具有舞蹈美感的动作加以强化练习和融合，最终达到完美结合的目的。当然这得需要一个过程，其过程的长短得看自己的努力程度和天分。最后是心理素质训练阶段。此阶段较前面两个阶段的难度是有过之而无不及，因为这阶段采用的方法是在人流量很大的公园或者广场之类的公众场合进行训练，锻炼出强大的心理素质。

3. 动作训练注意事项

学习花式调酒还需要注意四个方面。

第一，学习花式调酒要有保护措施，开始不能用真瓶进行练习，因为在花式调酒的动作中有很多空中抛接瓶的动作，对于初学者，这些动作是有危险性的，一定要用专业练习瓶进行训练。

第二，要有教练和有经验的调酒师指导，所学到的动作也会很规范、很漂亮和赏心悦目。

第三，花式调酒是一种即兴表演，因此要有动感的音乐，随着节拍进行训练。

第四，花式调酒的心理训练重于动作训练，因为花式调酒需要调酒师经常在强烈的灯光与众多的观众观看下进行技能展示。

（三）分子调酒

分子调酒在近几年风靡全球，引领新一轮调酒趋势，其结合传统调酒技巧与前卫料理手法，解构了鸡尾酒的质地、口味、香气，甚至外观。常见的分子调酒方法有泡沫法、胶囊法、液氮法、真空低温法等。

1. 泡沫法（bubble method）

（1）泡沫法的概念　泡沫法鸡尾酒中加入卵磷脂并用搅拌器打成泡沫。与别的鸡尾酒不同的是，品尝泡沫时不只是舌尖或唇边某一触点的味觉享受，而是能在入口瞬间使口腔内溢满香气，犹如体验了气态美酒的爆炸与挥发之感。

（2）泡沫法的原理　大豆卵磷脂是从大豆中分离出来的，是理想的泡沫制造原料。它不仅对健康无害，还有抗氧化作用。卵磷脂外形呈细粉末状，易溶于液体中。

在泡沫制作过程中，使用了高速搅拌器。利用极高的转速可将卵磷脂溶液迅速打出丰富的泡沫。

除此之外，还可以利用真空管将添加了琼脂或凝胶的汁状物，制作成泡沫状物。

（3）泡沫法制作的鸡尾酒案例

1）案例1　泡泡马提尼鸡尾酒（Bubble Martini）

① 材料　荔枝味伏特加2盎司，罂粟籽味饮料1盎司，薰衣草味饮料1盎司，玫瑰香精2滴，卵磷脂0.5g。

② 用具　手持高速搅拌器，阔口香槟杯，调酒杯。

③ 制法　将冷藏的材料一一注入调酒杯中，滴入玫瑰香精，用高速搅拌器搅打成细密的泡沫，舀入香槟杯中，即可。

2）案例2　青柠威士忌酸（Whiskey Sour）

① 材料　爱尔兰威士忌3盎司，柠檬汁1盎司，卵磷脂0.5g。

② 用具　手持高速搅拌器，古典杯，摇酒壶，调酒杯。

③ 制法　将爱尔兰威士忌和柠檬汁量入摇酒壶中，快速摇匀。滤入一半到古典杯中，另剩余一半注入调酒杯，加入卵磷脂用高速搅拌机搅打成细密的泡沫，舀入古典杯之中，即可。

2. 胶囊法（capsule method）

（1）胶囊法的概念　胶囊法是将鸡尾酒中一种或几种配料，包裹于细小的胶囊之中，人们品酒时，胶囊破裂，才知道是什么。例如橙味胶囊，就是橙汁的胶囊形状物由一层薄膜包裹，若刺穿薄膜即可看见内层液体，其形态大约维持1h。

（2）胶囊法的原理　胶囊法中，钙粉入水为“正向”，海藻胶入水为“反向”，两种方法均可成型。正向操作只需要两种辅料，略简便。反向需要三种辅料。当原料为酸性、油性物质时，一定要用反向技术。

① 胶囊法（正向）　海藻胶也叫海藻酸钠，是一种从海藻中提取的食品添加剂，当海藻胶溶解在调味汁或果汁内，再滴入钙水中就会瞬间发生反应，在表面形成一层膜，将里面的味汁包裹住，在水中形成圆圆的胶囊形状（小粒的胶囊形似鱼子，几可乱真）。钙粉为氯化钙的一种，呈颗粒状，有很强的吸水性，和水融在一起后形成钙水，可反复利用。

② 胶囊法（反向）　在调味汁或果汁内加上钙粉和黄原胶（一种食品添加剂，起增稠作用）搅拌均匀，然后滴入溶解了海藻胶的纯净水中，静置30s即成胶囊。捞出冲洗干净，入保鲜柜保存（做好的胶囊可保存3～4天）。

（3）胶囊法制作的鸡尾酒案例

1）案例1　牡蛎鸡尾酒（Oyster Cocktail）（正向）

① 材料　番茄蛋黄泥15g，山葵味伏特加1盎司，欧罗索雪利酒（Oloroso Sherry）0.5盎司，青葱5g，胡椒酱5g，香芹盐1g，柠檬汁0.5盎司，海藻胶1g，纯净水1000g，钙粉5g。

② 用具　不锈钢小勺，搅拌器，调酒杯，净牡蛎壳。

③ 制法

a.将钙粉5g倒入1000g纯净水中搅匀。

b.将番茄蛋黄泥、山葵味伏特加、欧罗索雪利酒、青葱、胡椒酱、香芹盐和柠檬汁调匀，再加1g海藻胶用搅拌器充分搅拌融合。

c.将溶液静置2h后用不锈钢小勺舀入适量“牡蛎”糊，滴入到钙水中。将材料等与海藻胶充分搅拌融合后，需要放置2h再做，目的是为了让搅拌器打出的泡沫彻底消融，否则“胶囊”里会充满泡沫，浮在钙水上面，形不成完整的“胶囊”。

d.大约过10min，可见水里形成许多圆珠，状如胶囊。

e.将胶囊捞起放入净牡蛎壳中即可。

2）案例2　乌贼墨鸡尾酒（Squid Ink Sour）（反向）

① 材料　白龙舌兰1.5盎司，橙汁200mL，龙舌兰糖浆0.5盎司，乌贼墨0.5盎司，海藻胶4g，黄原胶1g，钙粉1.5g，矿泉水500g，薄荷叶1片。

② 用具　不锈钢小勺，搅拌器，调酒杯，海波杯。

③ 制法

a.将白龙舌兰量入加满冰块的海波杯中，注入橙汁至八分满。

b.把龙舌兰糖浆、乌贼墨、黄原胶、钙粉，用搅拌器搅匀至原料充分融合，然后倒入细密筛漏中，将杂质和泡沫过滤待用。

c.矿泉水中加入海藻胶，搅拌5min至完全溶解。

d.取一只不锈钢小勺，舀起稠状果汁，再放入海藻胶溶液中，静置30s，外壳凝固，呈胶囊状。

e.将胶囊放入酒杯中，以薄荷叶装饰即可。

3. 液氮法（liquid nitrogen method）

（1）液氮法的概念　液氮法是将鸡尾酒材料放入液氮中，能在瞬间达到特定的温度，或以液氮喷洒在鸡尾酒中，能使鸡尾酒瞬间达到极低温，从而达到改变饮品风味的方法。

（2）液氮法的原理　利用液氮的低温来改变鸡尾酒的结构，使其发生物理变化，令食物味道、质感、造型超越常规，品尝时感觉是一堆泡沫或一缕烟。

（3）液氮法制作鸡尾酒的案例

1）案例1　香瓜鸡蛋鸡尾酒（Muskmelon Egg Cocktail）

① 材料　椭圆形的蛋白糖杯3个，鲜奶油50g，香瓜汁50mL。

② 用具　液氮罐，液氮不锈钢碗，防护手套，防护眼镜，注射器，阔口香槟杯。

③ 制法

a.在3个椭圆形的蛋白糖杯上浇上鲜奶油，然后浸入−184℃的液氮里。

b.沾了奶油的调和蛋白糖杯瞬间被冻结，表面形成像鸡蛋壳一样的外壳。

c.用注射器向壳里注入香瓜汁。

d.注满后再浸入到液氮里3s，取出放入阔口香槟杯即可。

2）案例2　薄荷珍珠鸡尾酒（Mint Julep）

① 材料　薄荷酒1盎司，波本威士忌2盎司，薄荷叶1片。

② 用具　液氮罐，液氮不锈钢碗，防护手套，防护眼镜，不锈钢勺，三角鸡尾酒杯。

③ 制法　将薄荷酒和波本威士忌混合均匀，用不锈钢勺分次舀入放有液氮的不锈钢碗中，让鸡尾酒迅速冻结成固体球，取出后，装盛于三角杯中，插上薄荷叶

装饰即可。

4. 真空低温法（vacuum & low temperature method ）

（1）真空低温法的概念　低温烹饪是在不流失鸡尾酒材料水分和营养的情况下利用真空压缩包装机和可以稳定控制温度的低温恒温箱加热的一种调酒方法。

（2）真空低温法的原理　真空低温法其实分为真空法和低温法，两种方法常常根据需要结合在一起，俗称真空低温法。真空法是在调酒过程中，将混合酒液或鸡尾酒直接加入香精，放入真空袋中，直接抽真空，使酒液的香气和香精的香气，能很好地融合在一起，让消费者有种奇异的嗅觉感受。

利用低温法也可以将清醇的香味融入到各种酒精之中。例如，在52℃时的真空条件下，在酒精中煮一下水果或者鲜花的话，就可以得到更加干净、更加鲜明、更加精美的水果或鲜花的香味。

（3）真空低温法制作鸡尾酒的案例

1）案例1　柠檬滴（Lemon Drop）

① 材料　“灰鹅牌”伏特加伏1.5盎司，鲜榨的柠檬汁0.5盎司，白糖浆5mL，柠檬香精1滴，柠檬皮螺旋装饰1个。

② 用具　真空袋，抽真空机，摇酒壶，三角鸡尾酒杯。

③ 制法　将各种配料放入加了冰的摇酒壶中，摇匀。放入真空袋中，滴入柠檬香精，抽真空。3 ～ 4min后，注入三角鸡尾酒中，以柠檬皮螺旋装饰即可。

2）案例2　香蕉碎冰（Banana Crush）

① 材料　绝对伏特加1.5盎司，白可可酒1.5盎司，香蕉块15g，香蕉片装饰1个。

② 用具　真空袋，抽真空机，恒温水槽，摇酒壶，三角鸡尾酒杯。

③ 制法　将绝对伏特加、白可可酒、香蕉块等一起放入真空袋中，抽取真空后，在恒温水槽中，以52℃恒温煮制10min。取出冷却后，滤入装满冰沙的三角鸡尾酒杯中，以香蕉片装饰即可。

二、调酒的步骤

① 根据具体酒品，选择合适的载杯。

② 杯中放入适量的大小合适、形状一致的冰块。有的鸡尾酒这个环节可以不需要。

③ 确定鸡尾酒的调制方法，选择调酒工具，如调酒壶、调酒杯、吧匙等。分子调酒可能选择高速搅拌器、液氮罐、防护手套、防护眼镜、恒温水槽、真空袋、抽真空机等。

④ 在调酒壶或调酒杯中放入冰块。分子调酒有时不需要此步骤。

⑤ 量入辅料，最后量入基酒。

⑥ 按照规范动作调制鸡尾酒。分子调酒需要不同的方法和动作。

⑦ 根据具体情况，适当装饰。

⑧ 规范服务。

⑨ 分子调酒时要注意安全。例如，使用液氮罐时，由于温度极低，需要戴上防护眼镜和防护手套。因为分子调酒是一种新生事物、新的调酒方法，适当情况下，应主动告诉客人如何品尝。分子调酒应按照相对成熟的配方来操作。

三、调酒的标准要求

1. 时间（time）

调完一杯鸡尾酒规定时间为1min。吧台的实际操作中要求一位熟练调酒师在1h内能为客人提供80～120杯饮料。

2. 仪表（presence）

必须身着白衬衣、马夹和领结，调酒师的形象不仅影响酒吧的声誉，而且还影响客人的饮酒情趣。

3. 卫生（hygienism）

多数饮料是不需加热而直接为客人服务的，所以操作上的每个环节都应严格按卫生要求和标准进行。任何不良习惯如手摸头发、脸部等都接影响卫生状况。

4. 姿势（fundamental position）

动作熟练、姿势优美；不能有不规范动作。

5. 载杯（glasses）

所用的载杯与鸡尾酒要求一致，不能用错载杯。

6. 用料（ingredient）

要求所用原料准确，少用或错用主要原料都会破坏鸡尾酒的标准口味。

7. 颜色（colour）

颜色深浅程度与鸡尾酒要求一致。

8. 香气（aroma）

香气的浓度要符合鸡尾酒的香型。

9. 味道（taste）

调出饮料的味道正常，不能偏重或偏淡。

10. 调法（method）

调酒方法与饮料要求一致。

11. 程序（assembling procedure）

要依次按标准要求操作。

12. 装饰（decorate）

装饰是饮料服务最后一环，不可缺少。装饰与饮料要求一致、卫生。

四、调酒的术语

鸡尾酒调制的术语是在调酒过程中形成的专业用语，具有特定的含义。

1. 摇匀（shake well）

按鸡尾酒配方，将所需材料放入调酒壶内，与冰块一起摇晃，使多种调酒料均匀混合，称为摇匀。

2. 搅匀（stir well）

按鸡尾酒配方，将所需材料放入调酒杯内，用吧匙或调酒棒搅拌，称为搅匀。

3. 过滤（sieve）

鸡尾酒在摇酒壶内摇匀或调酒杯内搅匀后，用滤冰器滤去冰块，将酒水倒入载杯，称过滤。

4. 岩石法（on the rocks）

岩石法是指在杯中预先放入较大的冰块，然后将酒淋在冰块上的一种调酒方法。

5. 雾霭法（vapouring）

雾霭法是指把材料直接注入装满碎冰的岩石杯中的饮酒方法。由于碎冰的冷却力较强，会使杯子挂上一层薄薄的宛如雾霭的水滴，故而得名。

6. 清尝（neat）

清尝是指只喝一种纯粹的、不经任何加工的饮料。如在美国酒吧点一份威士忌时，侍者会问“On the rocks（岩石酒）or straight（纯饮）？”如果喝岩石酒，可回答“On the rocks”或“Over”，纯饮则可说“Up”或“Neat”。

7. 雪霜法（snow frosting）

雪霜法是指鸡尾酒的杯口需用盐或砂糖沾上一圈，由于像一层霜雪凝结于杯口，故而得名。制法是先将杯口在柠檬或绿柠檬的切口上涂一圈均匀的果汁，然后再将杯口在盛有盐或糖的小碟里蘸一下即成。

8. 双混法（dual mixing）

它是指两种不同的饮料对半混合的方法。如深色啤酒与淡色啤酒对半掺合饮用；辣口味美思与甜口味美思对半混合饮用等。

9. 剥皮（peel）

切剥果皮，用柠檬皮或橙皮扭汁于酒面上，以增加香味。切皮要切成薄片，不能带着果品肉质，否则难扭出汁水。

10. 拧转（twist）

将长条状柠檬皮扭转成螺旋状，点缀于鸡尾酒中，叫拧转。

11. 调味（zest）

挤压柠檬片，使皮中的香味油汁喷洒在鸡尾酒中，起到调味的作用。

12. 酒精纯度（proof）

“proof”是国外一种酒精纯度的度量单位，与我国常用的“酒精含量”意义不同。酒精含量（又称标准酒度）是指酒内的酒精所占的容积，以百分比表示，如酒精含量50%，即为酒度50°；而国外的“酒精纯度”仅为“酒精含量”的一半，100个proof的“酒精含量”为50%，等于我国所说的酒度50°。但“proof”还有英国式和美国式之分，英制纯酒度的最高标准为175，美制则为200，而“酒精含量”最高为100%。三种酒度之间的换算公式如下：

标准酒度×1.75=英制酒度

标准酒度×2=美制酒度

英制酒度×（8/7）=美制酒度

13. 硬饮（hard drinks）

硬饮是指除啤酒、葡萄酒以外的高酒精度饮料。

14. 软饮（soft drinks）

软饮是指不含酒精或酒精含量不到0.5%的饮料。碳酸饮料、果汁、乳酸饮料以及咖啡、红茶等均称为软饮。

15. 份酒（share）

份酒是一种简便的量酒方法。即将酒倒入普通玻璃杯（容量约240mL）后用手指来度量，一手指量约为30mL，又称单份；二手指量为60mL，又称双份。

16. 追水（chaser）

追水是缓和度数高的酒所追加的冰水，即喝一口酒，接着喝一口冰水。

17. 斟注（pour）

即把酒倒入杯子里或倒入调酒器内。

18. 装饰（decorate）

鸡尾酒调好后必须加以装饰，即点缀。

19. 切薄片（slice）

把柠檬、橙等切成薄片，厚薄要适当。

20. 榨汁（squeeze）

调制鸡尾酒最好用新鲜果汁作材料，可用压榨机榨出新鲜果汁。

21. 糖浆（syrup）

鸡尾酒大多是甜味，需要糖分，但酒是冷的，加砂糖不易溶解，加糖浆容易溶解于酒中。

22. 过滤（sieve）

把摇壶内或调酒杯内的鸡尾酒摇匀后，用滤冰器滤去冰块，并将酒倒入鸡尾酒杯或其他杯内，称为过滤。

23. 传瓶（pass the drinks）

把酒瓶从酒柜或操作台上传到手中的过程。传瓶一般有从左手传到右手或从下方传到上方两种情形。用左手拿瓶颈部传到右手上，用右手拿住瓶的中间部位。或直接用右手从瓶的颈部上提至瓶中间部位。要求动作快、稳。

24. 示瓶（display the drinks）

把酒瓶展示给客人。用左手托住瓶下底部，右手拿住瓶颈部，呈45°角把商标面向客人。

传瓶至示瓶是一个连贯的动作。

25. 开瓶（open the drinks）

用右手拿住瓶身，左手中指逆时针方向向外拉酒瓶盖，用力得当时可一次拉开。并用左手虎口即拇指和食指夹起瓶盖。开瓶是在酒吧没有专用酒嘴时使用的方法。

26. 量酒（measure the drinks）

开瓶后立即用左手中指和食指夹起量杯（根据需要选择量杯大小），两臂略微抬起呈环抱状，把量杯放在靠近容器的正前上方约3cm处，量杯要端平。然后右手将酒倒入量杯，倒满后收瓶口，左手同时将酒倒进所用的容器中，放下量杯。最后用左手拇指顺时针方向盖盖，然后放下酒瓶。

27. 握杯（hold the glass）

古典杯、海波杯、哥连士杯等平底杯应握杯子下底部，切忌用手掌拿杯口。高脚杯或矮脚杯应拿细柄部。但白兰地杯必须用手握住杯身，通过手传热使其芳香溢出（指客人饮用时）。

28. 溜杯（cooling the glass）

将酒杯冷却后再用来盛酒。通常有以下几种情况。

（1）冰镇杯　将酒杯放在冰箱内冰镇。

（2）放入上霜机　将酒杯放在上霜机内上霜。

（3）加冰块　有些可加冰块在杯内冰镇。

（4）溜杯　杯内加冰块使其快速旋转至冷却。

29. 温烫（heat the glass）

指将酒杯烫热后再来盛饮料。

（1）火烤　用蜡烛来烤杯，使其变热。

（2）燃烧　将高酒精度烈酒放入杯中燃烧，至酒杯发热。

（3）水烫　用热水将杯烫热。

第二节　鸡尾酒的整体设计

一杯完美的鸡尾酒通常色、香、味、型俱全，给人以美好感觉和遐想。所以，对于一杯鸡尾酒而言，它的设计也是从色彩、香气、口味和装饰等几个方面来考虑的。

一、鸡尾酒的色彩配制

鸡尾酒之所以如此具有诱惑力，是与它那五彩斑斓的颜色分不开的。色彩的配制在鸡尾酒的调制中至关重要。

（一）鸡尾酒的色彩与人的情感

酒吧是最讲究氛围的场所，通过鸡尾酒的不同色彩来传达不同的情感以创造特殊的酒吧情调。

色彩的冷暖感觉是由人们在长期的生活实践中的联想而形成的，并非色彩有冷有暖。例如，对于红、橙、黄等色，人们会联想到太阳、火光的颜色，给人以热烈温暖的感觉，所以称为暖色；蓝、绿、紫等色给人以寒冷、沉静的联想，因而称为冷色；黑、白、灰等色给人的感觉是不冷不暖，故称为中性色。色彩的冷暖是相对的。对色彩的不同冷暖感觉可以帮助人们更细致地观察和区别色彩的性质（即称色性）。所以，冬季用橙色照明可以增加温暖感；夏天用蓝色照明，给人们以凉爽感。对鸡尾酒的色彩调配也同样适用这个方法。

同时，色彩给人的情感也是不一样的。例如，红色是最鲜艳的色彩，它能给人一种温暖、热情、庄严、富丽和艳丽的感觉，用红色就显得喜气洋洋；黄色，近似金色，有庄严、光明、亲切、柔和、活泼的含义；蓝色象征冷静、和平、深远、冷淡、阴凉、永恒，蓝色多则有阴暗感，过多使用易引起忧郁沉闷；白色象征纯洁、明快、轻爽，有寂寞和冷淡之感；紫色高雅，淡紫色有舒适感，深紫色有厌倦感，用淡紫色做鸡尾酒的颜色会显得轻快富丽、安定幽雅，深紫色则不宜作鸡尾酒的色；绿色为草地之色，活泼而有生气，有欣欣向荣的感觉；橙色有庄严富丽和金碧辉煌的感觉，用于鸡尾酒的调制，可刺激人的食欲。

（二）鸡尾酒原料的基本色

鸡尾酒是通过基酒和各种辅料调配混合而成的。这些原料的不同颜色是构思鸡尾酒色彩的基础。

1. 基酒的色

基酒除伏特加、金酒等少数几种无色蒸馏酒外，大多数酒都有自身的颜色，这也是构成鸡尾酒色彩的基础。酿造酒大多数也有着本身的颜色，配制酒中酒度颜色十分丰富，尤其是利口酒，几乎赤、橙、黄、绿、青、蓝、紫全包括。有些利口酒同一品牌有几种不同颜色，如可可酒有白色；薄荷酒有绿色、白色；橙皮酒有蓝色、白色等。

2. 糖浆的色

糖浆是由各种含糖比重不同的水果制成的，颜色有红色、浅红色、黄色、绿色、白色等。较为熟悉的糖浆有红石榴糖浆（深红）、山楂糖浆（浅红）、香蕉糖浆（黄色）、西瓜糖浆（绿色）等。

3. 果汁的色

果汁是通过水果挤榨而成的具有水果的自然颜色，且含糖量比糖浆要少得多。常见有橙汁（橙色）、香蕉汁（黄色）、椰汁（白色）、西瓜汁（红色）、草莓汁（浅红色）、西红柿汁（粉红）等。

（三）鸡尾酒颜色的调配

1. 色彩的对比作用

色彩的对比作用，主要是指色相的纯度与明度在对照关系中所产生的作用，一般有以下几种。

（1）在颜色的各色相中黄色最亮，紫色最暗。亮色与暗色同时表现在同一物体，会产生不同程度的衬托作用。将黑、白两色安排在一起，黑色为白色所衬托，黑显得更暗。这就是明色与暗色的对比作用。应用这种一明一暗的配色方法，可使画面产生明快的主调，增强视觉感官刺激效果。例如，天使之吻（Angle's Kiss）中白色奶油与黑色咖啡酒的对比。

（2）明暗度相同的颜色处在不同的底色中，其明暗度会不同。如白色方块被黑色方块包围时，白色好像亮了一些；白色方块被灰色方块包围时，白色好像不那么亮了；黑色方块被白色包围时，黑色变得更深了；黑色方块被灰色包围时，黑色变浅了。由此可以得出这样的结论：明度高的色彩，如白、黄、橙要用暗色底衬托；明度低的色彩，如正红、火红、墨绿、紫、黑等要用明色底衬托。这种色彩的对比作用，可应用在鸡尾酒与装饰物的搭配上。

（3）两个色相明暗度相差不大的色安排在一起，如将白与黄、红与橙、橙与黄、绿与紫安排在一起，而且占的面积相差又不悬殊，两色交界处的明暗度会有改变，产生模糊混淆的感觉。解决这种不良现象的方法是，在两色的交界处嵌入明度较亮或较暗的线条，起到对比的过渡作用。此法可供酒吧饰物布局安排以及彩虹酒的调制作参考。

（4）对比色安排在一起，呈现两色相对立、色光均相等的向外扩张。如红与绿、红紫与黄绿、黄与紫、黄橙与蓝紫，每两色之间纯度对比作用强，明暗对比作用弱，所以产生色相对立、色光向外扩张的现象，此种配合比较鲜明强烈，画面活跃，协调效果好。此法可用于鸡尾酒的调制及装饰。

2. 色彩调和的一般规律

色彩调和的规律，不能像数学那样可以用公式来表示。因为人们对色彩的感受存在很多主观成分，所以只能谈谈一般规律。调制鸡尾酒时，可参照以下规律。

（1）在调制彩虹类鸡尾酒时，要保持材料比例的平衡。

在调制彩虹酒时首先要使每层酒应为等距离，以保持酒体形态最稳定的平衡；其次应注意色彩的对比，如红与绿、黄与蓝是接近补色关系的一对色，白与黑是色明度差距较大的一对色；最后是将暗色、深色的材料置于酒杯下部，如红石榴汁，明亮或浅色的材料放在上部，如白兰地、浓乳等，以保持酒体的平衡。只有这样调出来的彩虹酒才会给人美观感。

（2）在调制有层色的海波饮料、果汁饮料时，应注意颜色的比例。

一般来说暖色或纯色的诱惑力强，应占面积小一些，冷色或浊色面积可大一些。如特基拉日出（Tequila Sunrise），红石榴汁用量3/4盎司，沉于杯底，上面大部分为淡橙色，这样就平衡，产生一种美感。

（3）鸡尾酒的色彩混合调配要适当、合理。

在鸡尾酒酒谱配方中，绝大部分鸡尾酒都是将几种不同颜色的原料进行混合调制成某种颜色。第一，了解两种或两种以上的颜色混合后产生的新颜色。如黄、蓝混合成绿色；红与蓝混合成紫色；红黄混合成橙色；绿色、蓝色混合而成青绿色等。第二，在调制鸡尾酒时，应把握好不同颜色原料的用量。颜色原料用量过多，色深，量少则色浅。酒品就达不到预想的效果。如红粉佳人主要用红石榴汁来调出粉红色的酒品效果。在标准容量鸡尾酒杯（4～5盎司）中一般用量为1吧匙，多于1吧匙，颜色为深红，少于1吧匙，颜色成淡粉色，体现不出“红粉佳人”（Pink Lady）的魅力。第三，注意不同原料对颜色的作用。冰块是调制鸡尾酒不可缺少的原料，不仅对饮品起冰镇作用，而且对饮品的颜色、味道也起稀释作用。所以冰块在调制鸡尾酒时的用量、时间长短直接影响到颜色的深浅。

另外，冰块本身具有透亮性，在古典杯中加冰块的饮品更具有光泽，更显晶莹透亮，如君度加冰（Cointreau on the rocks）、威士忌加冰（Whisky on the rocks）、金巴利加冰（Campari on the rocks）、加拿大雾酒（Canadian Mist）等。奶油、牛奶、鸡蛋等均具有半透明的特点，且不易同各种材料的颜色混合。调制中用这些原料时牛奶起增白效果，蛋清增加泡沫，蛋黄增强口感，使调出的饮品呈朦胧状，增加饮品的诱惑力，如青蚱蜢（Green Grasshopper）、金色菲士（Gin Fizz）等。碳酸饮料配制饮品时，一般在各种原料成分中所占比重较大，酒品的颜色都较浅或味道淡。碳酸饮料对饮品颜色有稀释作用。果汁原料因其所含色素的关系，本身具有颜色，注意颜色的混合变化，如日月潭库勒（Sun and Moon Cooler），绿薄荷和橙汁一起搅拌，使其呈草绿色。

配色规律如下。

基本色　红　黄　蓝　红　黄

↘↙↘↙↘↙↘↙

二次色　橙　绿　紫　橙

↘↙↘↙↘↙

三次色　橄榄　灰　棕褐

二、鸡尾酒的香气调配

鸡尾酒大多为冷饮酒品，其香气成分的挥发速度较低，但是鸡尾酒的香气依然存在，甚至在个别鸡尾酒酒品中体现得还相当明显。因此，在鸡尾酒的调制过程中，应该注重体现鸡尾酒的香气特征，使鸡尾酒的个性特点能完美地展示出来。

（一）鸡尾酒的香气来源

鸡尾酒的香气来自于基酒的香气、果汁香气及其他辅料香气。

1. 来自于基酒的香气

鸡尾酒的基酒主要有酿造酒、蒸馏酒和配制酒三大类。酒的香气大多为复合香，并不是由某一单体产生的香气。酒香又有主香、助香（辅香）及定香之分。在闻基酒的香气时，会体会到基酒的溢香性、喷香性和留香性。凡是溢香性好的基酒，刚倒出来时便香气四溢；喷香性好的基酒，一入口即香气充满口腔；留香性好的基酒，喝下去后仍有余香，甚至饮完酒的空杯，余香仍然袅袅不绝。

在酿造酒中，主要有葡萄酒、啤酒、中国黄酒、日本清酒等种类。它的主要香气来源于果香、发酵香和储存过程中形成的香气。葡萄酒的香气成分比较复杂，它已检测出来的香气成分有150种以上，如乙醛、乙缩醛、乙酸乙酯、乳酸乙酯、琥珀酸乙酯、高级醇、酒石酸二乙酯等，其中酒石酸二乙酯是葡萄酒区别于啤酒、中国黄酒、日本清酒等粮谷类发酵酒的主要成分。啤酒的酒香来自于酒花的萜烯等成分。中国黄酒的香气来自于原料、曲子以及发酵和储存期的成分变化过程，主要成分为醇类、酸类、酯类、羰基化合物和酚类等。日本清酒的香气成分也有醇、酸、酯、羟基化合物、硫化物等。

在蒸馏酒中，中国白酒与白兰地酒、威士忌酒、伏特加酒等的香气成分比较相似，只是由于原料及生产工艺的区别，形成的香气成分之间的含量（量比关系）不同，从而形成了不同的香型和香韵。在中国白酒中，茅台酒等酱香型白酒的主体成分尚无定论；五粮液等浓香型白酒的主体香成分为己酸乙酯；汾酒等清香型白酒的主体香成分为乙酸乙酯与乳酸乙酯；桂林三花酒等米香型白酒的主体香成分为乳酸乙酯及乙酸乙酯；其他香型白酒的主体香成分为兼有上述四大香型白酒中两种以上主体香成分；白兰地酒、威士忌酒、朗姆酒等在橡木桶中陈酿储存时，木桶中木质素等分解物参与了芳香族化合物的形成，例如香兰素、香草酸、阿魏酸等；威士忌的部分香气还来自于烟熏麦芽时泥炭的香气；朗姆酒中的香气除了甘蔗原料糖蜜的香气成分之外，还与陈酿过程中形成的酯的含量不同有关；至于金酒，它的香气主要来自于杜松子等香料成分的加香；特基拉酒的香气主要来自龙舌兰植物的香气成分。

在配制酒中，香气成分主要来自发酵、陈酿以及添加花草等植物的香气成分。

2. 来自于辅料的香气

鸡尾酒的辅料种类较多，主要有碳酸汽水、水果、蔬菜、果蔬汁、果味糖浆等，这类原料本身或多或少都具有特定的香气。通过调酒配方添加后，它能左右、辅佐甚至掩盖基酒的香气。

（二）鸡尾酒的香气搭配

1. 以基酒的香气为主，加强主体香气成分

鸡尾酒的基酒都有一定的主体香味，在调酒的过程中，应注意体现基酒的香气，添加的果汁、汽水、糖浆等辅料的香气成分应与基酒的香气成分一致或协调，具有衬托、辅佐或加强基酒香气成分的作用。特别是在鸡尾酒的创新过程中，尤其注意这一点。

2. 适时增香，弥补香气成分的不足

个别鸡尾酒的基酒由于香气不足，则要在辅料中，选择与其香型相似的果汁、糖浆等来弥补，改善个别鸡尾酒品的香气成分的不足。但在添加过程中，应注意调酒的方法和用量，防止矫枉过正。

3. 注意选择合适的调酒方法，尽量体现鸡尾酒的原味香气

鸡尾酒的调制方法有很多，除了以上介绍的五种基本方法之外，尚有一些特殊的调制方法。在这些调酒方法中，应尽量选择不易破坏基酒等材料香气成分的手法，例如搅拌法、兑和法以及漂浮法等，保持鸡尾酒的原生态气息。

三、鸡尾酒的口味调配

鸡尾酒的口味调配一般较为适中，不宜过甜、过酸或过苦，以适应大多数消费者的口味需求。

（一）鸡尾酒原料的基本味

鸡尾酒原料的基本味如下。

酸味：柠檬汁、青柠汁、番茄汁等。

甜味：糖、糖浆、蜂蜜、利口酒等。

苦味：金巴利苦味酒、苦精及新鲜橙汁等。

辣味：辛辣的烈酒、辣椒汁等辣味调料。

咸味：盐、辣酱油等。

香味：酒及饮料中有各种香味，尤其是利口酒中有多种水果和香料香味。

（二）鸡尾酒的口味调配

将以上不同味道的原料进行组合调制出具有不同风味和口感的饮品。

1. 口味绵柔香甜的饮品

用乳、蛋和具有特殊香味的利口酒调制而成的饮品，如亚历山大（Alexander）、金色菲士（Gin Fizz）等。

2. 口味清凉爽口的饮品

用碳酸饮料加冰与其他酒类配制的长饮，具有清凉解渴的功效。

3. 口味酸甜圆润的饮品

以柠檬汁、莱姆汁和利口酒、糖浆为配料与烈酒调配出的酸甜鸡尾酒，香味浓郁、入口微酸，回味甘甜。这类酒在鸡尾酒中占有很大比重。

4. 口味香气浓郁的饮品

基酒占绝大多数比重，使酒体本味突出，配少量辅料增加香味，如马天尼（Martini）、曼哈顿（Manhattan）。这类酒含糖量少，口感干冽。

5. 口味微苦香甜的饮品

以金巴利或苦精为辅料调制出来的鸡尾酒，如老友（Old Pal）、金巴利苏打（Campari Soda）等。这类饮品入口虽苦，但持续时间短，回味香甜，并有清热的作用。

6. 口味果香浓郁的饮品

新鲜果汁配制的饮品，酒体丰满具有水果的清香味。不同地区的人们对鸡尾酒口味的要求各不相同，在调制鸡尾酒时，应根据顾客的喜好来调配。对于有特殊口味要求的顾客可征求客人意见后调制。

（三）不同场合的鸡尾酒口味

鸡尾酒种类五花八门，尽管在鸡尾酒酒吧中应有尽有，但是某一特定的场合对鸡尾酒品种、口味有特殊的要求。

1. 餐前鸡尾酒

餐前是指在餐厅正式用餐前或者是在宴会开始前提供的鸡尾酒。这类鸡尾酒首先要求酒精含量较高，具有开胃作用的酸味、辣味，如马天尼（Martini）、吉姆莱特（Gimlet）等。

2. 餐后鸡尾酒

在正餐后饮用的鸡尾酒品，要求口味较甜，具有助消化、收胃功能。如黑俄罗斯（Black Russian）、雪球（Snow Ball）等。

3. 休闲场合鸡尾酒

主要是游泳池旁、保龄球场、台球厅等场所提供的鸡尾酒。要求酒精含量低或者无酒精饮料，以清凉、解渴的饮料为佳，一般为果汁混合饮料及碳酸混合饮料等。

四、鸡尾酒的装饰设计

鸡尾酒装饰是调制鸡尾酒的最后一道工序，它对创造饮品的整体风格，提高饮品的外在魅力起着重要作用。一杯鸡尾酒只有经过调酒师的精心装饰，才能使其更添美丽色彩和诱惑力，使其最终成为一杯色、香、味、型、格、卫俱佳的饮品。

（一）装饰物的选择与应用

1. 装饰物的选择

鸡尾酒装饰物的选择范围比较广泛，常常选择以下几类材料。

（1）蔬菜类　蔬菜类装饰材料常见的有西芹条、酸黄瓜、新鲜黄瓜条、樱桃番茄等。具有蔬菜的特殊清香、美好的色泽和自然成趣的外形，与鸡尾酒巧妙搭配，相得益彰。

（2）水果类　水果类是鸡尾酒装饰最常用的原料，如柠檬、莱姆、菠萝、苹果、香蕉、杨桃等。根据鸡尾酒装饰的要求可将水果切配成片状、皮状、角状、块状等进行装饰。有些水果掏空果肉后，是天然的盛载鸡尾酒的器皿，如椰壳、菠萝壶、橙盅等，给鸡尾酒增色、添香、赋型。

（3）花草类　花草绿叶的装饰使鸡尾酒充满自然和生机。花草绿叶的选择以小型花序和小圆叶为主，常见的有新鲜薄荷叶、洋兰等。花草绿叶应清洁卫生，无毒无害，不能有强烈的香味和刺激味。

（4）其他类　人工装饰物包括各类吸管、调酒棒、象形鸡尾酒签、小花伞、小旗帜等。甚至载杯的形状和杯垫的图案花纹，对鸡尾酒也起到了装饰和衬托作用。

2. 装饰物的应用

装饰是鸡尾酒的一个重要组成部分。一杯鸡尾酒给人最初印象的好坏，装饰会起很大的作用。鸡尾酒的装饰，花色种类繁多，大部分都色彩艳丽、造型美观，使被装饰的酒更加妩媚艳丽、光彩照人。但在酒吧调酒实际运用过程中，装饰物的应用应注意以下几点。

（1）要留意杯的大小和装盛成品酒的整体比例　鸡尾酒所用的装饰是用来突出它的外观，而不是掩盖它的真貌。饰物的大小、形状应与酒杯的大小、形状相互映衬。虽然并不一定严格强调“黄金分割”的比例，但也要与鸡尾酒形成一体，起到“万绿丛中一点红”的点缀效果。

（2）要注意蔬菜水果、花草类饰物的季节性　蔬菜水果、花草绿叶都有季节性，有时未必恰逢时令，也许当时只需一串新鲜的红醋栗简单地挂在杯边，或者一小束蘸了糖霜的葡萄，已足以成为极为有效的装饰物。注意混合互补的颜色与不同质感，选取与鸡尾酒颜色相呼应的蔬菜水果等，都是正确的最后装饰艺术。

（3）鸡尾酒的装饰宁简勿繁、宁缺毋滥　一般来说，当选择鸡尾酒的装饰物时，较保守的做法是宁愿让人觉得简单一点。否则，这杯饮品便会令人觉得没有亲切感，甚至拒人于千里之外。因为不是每一杯鸡尾酒都需要这种大量的装饰。装饰物的选择与应用，首先要根据酒的性质来决定，一般做法是，用何种果汁调制的鸡尾酒，其装饰物就用那一种水果制作；不含果汁的鸡尾酒，则要根据配方的要求来决定了。一杯酒的装饰不可过多、过滥，要抓住要点，使其成为陪衬而不是主角，否则别人会以为是一杯水果沙拉而非鸡尾酒。有时一支吸管或一根调酒棒就能阐述该鸡尾酒的全部，过多繁杂的装饰，反而会降低鸡尾酒的品味。同时，在装饰的制作上，要充分发挥调酒师的想象力，不拘一格，创造出一个丰富多彩的世界！

（二）装饰形式

鸡尾酒的饰物多种多样，尽管如此，我们可以根据装饰物的某些共有的特点和装饰规律将鸡尾酒的装饰形式分为三大类。

1. 点缀型装饰

大多数鸡尾酒的装饰，都属于这一类。主要饰物为蔬菜水果、花草绿叶等，因为它们修剪后体积小，颜色与鸡尾酒相协调，能较好地发挥其装饰作用。

2. 调味型装饰

调味型饰物主要是具有特殊味道的调料和特殊风味的果蔬等。常见的调料为盐、糖、辣椒汁、辣椒油等；特殊风味的果蔬主要有柠檬、芹菜、珍珠洋葱、薄荷叶等。

3. 实用型装饰

实用型饰物主要有吸管、调酒棒、装饰签等，具有装饰和实用双重功能。

（三）常见的装饰方法

鸡尾酒的装饰方法要有以下几种。

1. 杯口装饰

杯口装饰是常用的装饰方法之一。其特点是装饰物直观突出，色彩鲜艳，与饮品协调一致。由于多数装饰物属水果类，为此，需要掌握水果类装饰物制作技法。

（1）柠檬类装饰物的制作

① 柠檬切割法　应选用新鲜、多汁、外皮有光泽、富有弹性的柠檬。切割前应洗净，操作在砧板上进行。切割方法主要有纵切、横切及马颈式切割法三种。

a. 柠檬楔块切法　先切除柠檬两头的皮（不要切去果肉），再把柠檬纵切成两半，然后把每一半如同切西瓜那样切成所需大小的柠檬楔块，通常切成整个柠檬的1/8。柠檬楔块除单独用作装饰物，还可以与樱桃等进行组合装饰。单独装饰的有黛克瑞（Daiquri）、香槟鸡尾酒（Champagne Cocktail）等。先将柠檬楔块用刀把果皮和果肉分开（只留最上面部分不分开），再让果皮悬于杯外，果肉位于杯内；也可在柠檬楔块的果肉部位切开口子，嵌于酒杯边上。

b. 柠檬半圆片切法　可将上述的半个柠檬进行横切，即得厚度约为0.5cm的柠檬半圆片。再在果肉或果皮的适当部位切开一个口子，嵌于酒杯边上；也可不开口子，用吧针将柠檬半圆片纵向串入，与吧针基部的樱桃粒相靠。

c. 柠檬圆片切法　采用横切法切制柠檬圆片时，圆片的厚度要适中。可将柠檬圆片切开半径长的切口，嵌于酒杯边上；也可将柠檬圆片的果肉与果皮分开（但留最上面部分不分开），再将果皮悬于杯外，果肉留在杯内；还可将柠檬圆片果肉挖去，再套在串有樱桃的吧针上，横置于酒杯上。柠檬圆片主要装饰海波杯、哥连士杯等高杯饮品，如自由古巴（Cuba Liberation）、汤姆哥连士（Tom Collins）、银色菲士（Silver Fizz）等。

d. 螺旋状柠檬皮的制作　采用类似削苹果皮的方法，亦称马颈式切割法。削得的螺旋状柠檬皮，可挂在酒杯内或酒杯外装饰，如马颈（Horse Neck）、漂仙1号（Plmm's No 1）。

e. 柠檬扭条的制作　先用削皮刀削去柠檬皮的黄色部分，再将其切成长约3.7cm的条。若不用削皮刀，则可将柠檬的两头切开，用勺舀出肉浆制作柠檬汁。再把皮切成两半，并去掉皮上的白色筋络，然后将厚约0.3cm的黄皮切成约1.25cm宽的片。使用前，将上述柠檬条、片在酒杯上方扭拧即可成扭条。柠檬扭条一般都放在古典杯中装饰，也有放在鸡尾酒杯中的，在装饰的同时，可增加酒品的清香。

② 酸橙楔片和圆片的制作　最好的酸橙应呈深绿色、无子。先切除酸橙的两头，再如切西瓜那样纵切成8块；也可切掉两头后，从中部切成两半，再将每一半

切成4块大小相等的楔形片。酸橙圆片和柠檬圆片切法相同。

③ 橘圆片及半圆片的制作　最好选用无子的橘。切片方法同柠檬片。但要切成0.5cm厚，因为太薄了不易放牢于杯口。

（2）菠萝装饰物的制作

① 切成小块状　先将菠萝横切成一定厚度的圆片并去皮，再将其8等分，然后切成小块。可用吧针连同樱桃串起来装饰。

② 切成长条状　先将菠萝纵切成1/4，再纵切成细长形并去皮，切成一定厚度即可。用法同菠萝小块。

③ 切成菠萝片　先将菠萝横切成两半、去皮，再纵切成8片。也可先切除菠萝的两头，再纵切成8份，然后纵切成细长片并去皮。

④ 切成棒状菠萝条　棒状的横切面呈长方形。

⑤ 切成扇形菠萝　即呈一定厚度的扇状菠萝片。

⑥ 切成丁状菠萝　即去皮后切成一定厚度的立方形菠萝块。

（3）樱桃装饰物的制作　樱桃是装饰物中用得最为广泛的原料之一。可用新鲜带枝的樱桃，装饰效果好，但受季节限制；也可用瓶装带枝或不带枝的无子樱桃，通常为进口的欧美罐装品。其色泽有红、绿之分，以个大、硬度适当、光亮者为好，是酒吧必备品。若嵌在酒杯口上，可将樱桃用刀切口即可，如红粉佳人（Pink Lady）、青蚱蜢（Green Grasshopper）、蓝色夏威夷（Blue Hawaii）等；也可用装饰签串上后横放在杯口上作装饰，如天使之吻（Angle’s Kiss）；还可将樱桃串在吸管上，放入长饮高杯中作装饰用，如雪球（Snow Ball）等。

（4）草莓装饰物的制作　一般用新鲜的草莓，切开口后嵌于杯口上，如冰冻草莓黛克瑞（Frozen Strawberry Daiquiri）。

（5）苹果装饰物的制作　用新鲜时令的苹果，切口后挂在杯口上，色彩鲜艳，得体大方。

2. 杯中装饰

杯中装饰是指将装饰物放在杯中，或沉入杯底，或浮在酒液上面。其特点是艺术性强，寓意含蓄，常能起到画龙点睛的作用。它不像杯口装饰有大的空间可以摆设，因此所用装饰物不宜太大。常用装饰材料有水橄榄、珍珠洋葱、樱桃、柠檬皮、芹菜、薄荷叶、花瓣等。例如，马天尼（Martini）鸡尾酒中水橄榄直接放入杯中作装饰；樱桃直接放入曼哈顿（Manhattan）饮品中作装饰；血腥玛丽（Bloody Mary）用芹菜装饰；薄荷朱丽叶（Peppermint Julep）等清凉饮品用薄荷叶装饰等。有时为了让装饰物浮在酒液上面，可用牙签串插支撑或以冰块、碎冰粒堆为依托，让装饰物显露出来。

3. 雪霜杯装饰

雪霜杯又称雪糖杯，是指杯口需用盐或糖沾上一圈的装饰方法。由于像一层雪霜凝结于杯口，故称为雪霜杯。其制法是，先将杯口在柠檬的切口上涂一圈均匀的果汁，然后再将杯口在盛有盐或糖的小碟里蘸一下即成。雪霜杯不仅富有特色，而且也有调味的作用，饮用时有先咸后甘的口感，例如玛格丽特（Margaret）、蓝色玛格丽特（Blue Margaret）等。

4. 实用装饰

（1）调酒棒　可准备各种形状和颜色的调酒棒，根据酒品的色调，插在杯中，一般多用于长饮类鸡尾酒。

（2）吸管　可准备各种色彩塑料吸管，根据配方的要求，在杯中插入吸管，既美观又实用。

（3）载杯　选用精美造型的载杯是重要的装饰手法之一。酒杯不仅是盛载酒品的用具，而且也是一种艺术品，各色造型的载杯，能给鸡尾酒适当增色。

（4）杯垫　各种花纹、色彩的杯垫既是一种实用品，也是一种装饰品。

（5）纸制工艺品　常用彩色纸制作小伞、小动物、小彩球等形状的装饰品，插在水果上面，使鸡尾酒更显得精致、美观。

5. 组合装饰

装饰物组合一般采用装饰签或吸管进行组合，这主要根据杯型的大小、装饰物的作用来完成。组合性装饰物更突出了装饰的技巧和艺术魅力。

（1）红樱桃、柠檬片的组合　用牙签先将柠檬片按“U”形串上，然后串上樱桃，如新加坡司令（Singapore Sling）等。

（2）柠檬片、橄榄的组合　用牙签串上“U”形柠檬片，再串上三个橄榄，如黑俄罗斯（Black Russian）等。

（3）樱桃、橙的组合　用牙签串上樱桃，再串上一角橙子块，如金色菲士（Gin Fizz）、水果宾治（Fruits Punch）等。

（4）其他组合　用牙签串上樱桃，然后再串上一块扇形菠萝，如白美人（White Beauty）、菠萝雪椰（Pineapple & Coconut）等。

第七章

鸡尾酒调制与配方实例

第一节　鸡尾酒常用度量换算

鸡尾酒常用度量换算主要指调酒材料的量度换算和酒度换算。

一、鸡尾酒材料的度换算

① 1盎司（oz）=29.27mL（美制）
② 1酹（dash）=1/6茶匙或10滴（drops）
③ 1茶匙（teaspoon）=1/2盎司=1/2食匙（dessertspoon）
④ 1汤匙（tablespoon）=3茶匙
⑤ 1小杯（pony）=1盎司
⑥ 1量杯（jigger）=1.5盎司
⑦ 1酒杯（wineglass）=4盎司
⑧ 1瓶=24盎司

二、鸡尾酒的酒度换算

鸡尾酒的酒度换算

标准酒度/%	英制酒度/sikes	美制酒度/proofs
10	17.5	20
20	35	40
30	52.5	60
40	70	80
41	71.75	82
42	73.5	84
43	75.25	86
44	77	88
45	78.75	90
50	87.5	100

续表

标准酒度/%	英制酒度/sikes	美制酒度/proofs
57	100	114
60	105	120
70	122.5	140
80	140	160
90	157.5	180
100	175	200

第二节　世界上著名的鸡尾酒配方与调制

鸡尾酒配方又称酒谱，是记录调制材料的名称、分量以及调制方法的说明。常见的配方有两种：一种是标准配方，另一种是指导性配方。

标准配方是某一个酒吧所规定的配方。这种配方是在酒吧所拥有的材料、用量、调酒器具等一定条件下做的具体规定。任何一个调酒师都必须严格按配方所规定的材料、用量及程序去操作。

指导性配方是作为大众学习和参考之用的。我们在书中所见到的配方均属于这一类。因为这类配方所规定的材料、用量、制法等都需根据实际所拥有的条件来作修改。常见的指导性配方如下。

一、以白兰地酒为基酒

1. 亚历山大（Alexander）

19世纪中叶，为了纪念英国国王爱德华七世与皇后亚历山大的婚礼，所以调制了这种鸡尾酒作为对皇后的献礼。由于酒中加入咖啡利口酒和鲜奶油，所以喝起来口感很好，适合女性饮用。

（1）材料　白兰地2/3盎司，棕色可可甜酒2/3盎司，鲜奶油2/3盎司，冰块适量，肉豆蔻粉少许。

（2）用具　调酒壶、鸡尾酒杯。

（3）制法　将上述材料加冰块充分摇匀，滤入鸡尾酒杯，然后在酒面撒上少许肉豆蔻粉。

亚历山大

2. 尼古拉斯（Nicholasica）

人们往往看到这杯酒，不知该如何饮用；正确的饮用方法是首先用柠檬包住砂糖，放入口中咀嚼，甜酸味在口中弥散时，然后饮用白兰地。此时才成为一款真正意义上的鸡尾酒。

（1）材料　白兰地1.5盎司，砂糖1茶匙，柠檬1片。

（2）用具　葡萄酒杯。

（3）制法　将白兰地酒倒入葡萄酒杯中，把柠檬片盖在杯口，堆上一小撮砂糖。

尼古拉斯

3. 侧车（Sidecar）

侧车也就是挎斗摩托也就是三轮摩托，是第二次世界大战中军队常用的交通工具。本款鸡尾酒又叫“挎斗摩托”或“赛德卡”，就是在第一次世界大战中由巴黎的一位常骑坐挎斗摩托的法军大尉所创制的。

（1）材料　白兰地1.5盎司，橙皮香甜酒1/4盎司，柠檬汁1/4盎司。

（2）用具　调酒壶、鸡尾酒杯。

（3）制法　将上述材料在调酒壶内摇匀后注入鸡尾酒杯，饰以红樱桃。这款鸡尾酒带有酸甜味，口味非常清爽，能消除疲劳，所以适合餐后饮用。

4. 伊丽莎白女王（Elizabeth Queen）

这款鸡尾酒名字高贵，色彩雍容华贵。白兰地超凡的芳香，甜味美思的甜美，调和出一款口感华丽奢侈的鸡尾酒。坚强又不乏温柔的味道非常适合餐后饮用，广受欢迎。

（1）材料　白兰地1盎司，甜味美思1盎司，橙皮香甜酒1滴，绿樱桃1颗。

（2）用具　调酒壶、鸡尾酒杯。

（3）制法　将材料依次放入调酒壶中，摇匀后滤入鸡尾酒杯。可用绿樱桃装饰。

5. 香榭丽舍（Champs Elysees）

巴黎香榭丽舍大道东起协和广场，西至星形广场（即戴高乐广场），地势西高

侧车

伊丽莎白女王

东低，全长1800m，最宽处约120m。它以圆点广场为界分成两部分：东段700m以自然风光为主，两侧是平坦的英式草坪，恬静安宁；西段1100m为高级商业区，雍容华贵。经过三百多年演变的香榭丽舍大道被法国人毫不谦虚地称为“世界上最美丽的散步大道”。

（1）材料　干邑白兰地1.5盎司，修道院黄酒0.5盎司，柠檬汁0.5盎司，苦酒1滴。

（2）用具　调酒壶、鸡尾酒杯。

（3）制法　将材料依次放入调酒壶中，摇匀后滤入鸡尾酒杯。

香榭丽舍

6. 皇室殿下（Royal Highness）

该酒入口轻柔，芳香纯正，色泽艳丽，尽显妩媚，是日本调酒师中村圭二在1997年日本酒店调酒师协会与日本怡和酒业共同举办的鸡尾酒大赛上的冠军作品。

（1）材料　干邑白兰地1盎司，樱桃马尼埃酒0.5盎司，柠檬汁1茶匙，香槟酒0.5盎司，黄樱桃番茄1颗。

（2）用具　调酒壶、鸡尾酒杯。

（3）制法　将材料依次放入调酒壶中，摇匀后滤入鸡尾酒杯，用黄樱桃番茄装饰。

皇室殿下

7. 马颈（Horse Neck）

在欧美各地，每年秋收一结束就举行庆祝活动。一种说法是十九世纪时，在这种庆祝中人们喝的就是装饰着像马脖子的莱姆皮的鸡尾酒，故名。另一种说法是美国总统西奥多·罗斯福狩猎时骑在马上，喜欢一边抚摸着马脖子一边品着这款鸡尾酒，“马颈酒”的名称就由此而来。

（1）材料　白兰地1盎司，姜汁汽水1听，螺旋莱姆皮1根。

（2）用具　海波杯、吧叉匙、调酒棒。

（3）制法　将莱姆皮削成螺旋形，放入海波杯中，皮的一头挂在杯沿上，在杯中加满8分冰块。量入白兰地于杯中，注入姜汁汽水至8分满，用吧叉匙轻搅2～3下。放入调酒棒，置于杯垫上。

马颈

8. 白兰地蛋诺（Brandy Eggnog）

白兰地蛋诺

该鸡尾酒含有鸡蛋和牛奶，营养丰富。夏天饮用时可放入冰块保持冰凉；热饮时，为防止鸡蛋凝固，要先将蛋清和蛋黄分别搅和到起泡，再注入热牛奶调匀，这就是一款最适于严寒日子饮用的美味可口的鸡尾酒。

（1）材料　白兰地1盎司，朗姆酒0.5盎司，鸡蛋1个，砂糖2茶匙，牛奶2盎司，肉豆蔻粉少量，冰块适量。

（2）用具　调酒壶、古典杯。

（3）制法　将材料加冰摇匀，后滤入杯中，酒面撒上肉豆蔻粉。

9. 奥林匹克（Olympic）

这款鸡尾酒为1900年法国里兹饭店为纪念第2届巴黎奥运会而作。

（1）材料　白兰地1盎司，君度酒0.5盎司，橙汁0.5盎司。

（2）用具　调酒壶、鸡尾酒杯。

（3）制法　将各种材料加入调酒壶中，摇匀后滤入鸡尾酒杯。

10. 蜜月（Honey Moon）

Honey本意为蜜蜂，moon为月，Honey Moon翻译成“蜜月”，自然使人感到特别的甜蜜。

蜜月这个词起源于英国古代条顿族的“抢婚”，丈夫为了避免妻子被对方抢回去，婚后立即带着妻子到外地去过一段旅行生活。在这段旅行生活中，每日三餐都要喝当时盛产的由蜂蜜酿成的酒，人们就称这段日子为蜜月。后来欧美一带便把婚后的一个月称作“蜜月”。渐渐地蜜月一词流行到世界各国。人们还把新婚后一个月

奥林匹克

蜜月

的夫妻偕同旅行，称为度“蜜月”。该鸡尾酒祝福着两位新人地久天长、白头偕老。

（1）材料　苹果白兰地1盎司，朗姆酒0.5盎司，柠檬汁0.5盎司，红樱桃1颗。

（2）用具　调酒壶、鸡尾酒杯。

（3）制法　将各种材料加入壶中，摇匀后滤入鸡尾酒杯，用红樱桃沉底装饰。

11. 古典白兰地（Classic）

被誉为“生命之水”的白兰地味道典雅脱俗，洋溢着一种高贵的氛围。这款鸡尾酒浓缩了果实的美味，味道甘甜而香浓，具有古典浪漫的风格。

古典白兰地

（1）材料　白兰地1盎司，柠檬汁1/3盎司，橙汁1/3盎司，黑樱桃利口酒1/3盎司，砂糖适量。

（2）用具　调酒壶、鸡尾酒杯。

（3）制法　将鸡尾酒杯装饰成糖圈状；将主料和冰块放入调酒壶，摇匀，倒入鸡尾酒杯。

12. 梦（Dream）

酒如其名。难眠之夜，这样一杯鸡尾酒将把你带入虚幻的梦境。

（1）材料　白兰地1盎司，君度酒0.5盎司，茴香酒1滴，冰块适量。

（2）用具　调酒壶、鸡尾酒杯。

（3）制法　将材料和冰块放入调酒壶，摇匀，倒入鸡尾酒杯。

13. 白兰地酸（Brandy Sour）

酒以味名。柠檬的清香和酸味与白兰地配合得丝丝入扣，砂糖的甜静又使其入口轻柔。

（1）材料　白兰地1.5盎司，柠檬汁2/3盎司，砂糖1茶匙，橙片1片，红樱桃1颗，

梦

白兰地酸

冰块适量。

（2）用具　调酒壶、酸酒杯。

（3）制法　将主料和冰块放入调酒壶，摇匀，然后注入酸酒杯，用酒签叉好的橙片、红樱桃装饰。

猫和老鼠

14. 猫和老鼠（Tom & Jerry）

该鸡尾酒很快令人想到懒惰的猫汤姆和老鼠杰瑞之间无休止的追逐游戏，但是这款鸡尾酒却是因19世纪末盛名一时的调酒师杰瑞·汤姆调制而得名。

（1）材料　白兰地2/3盎司，朗姆酒2/3盎司，砂糖2茶匙，鸡蛋1个，开水2盎司。

（2）用具　调酒杯、果汁杯。

（3）制法　将鸡蛋蛋黄和蛋清分开打匀成泡，加入白兰地和朗姆酒，倒入热水搅匀，最后滤入果汁杯中。

15. 红磨坊（Moulin Rouge）

Moulin Rouge！巴黎奢靡夜生活的代表，才子佳人故事多发地。1898年印象派画家特瑞克和红舞女阿芙乐尔的凄美爱情让红磨坊一举成名。

（1）材料　白兰地1盎司，菠萝汁3盎司，香槟适量，柠檬1片，红樱桃1颗，冰块适量。

（2）用具　哥连士杯。

（3）制法　将冰块直接放入哥连士杯中，依次注入白兰地、菠萝汁，加入香槟至满，以柠檬、红樱桃装饰。

16. 床笫之间（Between the Sheets）

这是一款古老而浪漫的鸡尾酒，口味成熟的白兰地和酒味清香的透明朗姆酒混合，调制成一款味道浓厚的鸡尾酒。适合于入睡前饮用。

红磨坊

床笫之间

（1）材料　白兰地2/3盎司，菠萝汁2/3盎司，君度酒2/3盎司，柠檬汁1茶匙，冰块适量。

（2）用具　调酒壶、酸酒。

（3）制法　将材料和冰块放入调酒壶，摇匀，倒入酸酒杯。

17. 法国贩毒网（French Connection）

法国贩毒网

1971年，一部名为《法国贩毒网》（吉恩·哈克曼主演）的电影上映，电影描述了来往于法国与美国之间毒品走私的惊险内幕。这款鸡尾酒就以此为名，所用白兰地最好选用法国白兰地。

（1）材料　白兰地1.5盎司，安摩拉多酒0.5盎司，冰块若干。

（2）用具　调酒壶、古典杯。

（3）制法　将材料和冰块放入调酒壶，摇匀，倒入古典杯。

18. 白兰地诱惑（Brandy Fix）

这款口感丰富的鸡尾酒选用了两种不同风味的白兰地。白兰地的味道入喉总是令人爽快，加上柠檬汁清爽的酸味使其味道更加突出，调制成一款清凉的夏季鸡尾酒。

（1）材料　白兰地1盎司，樱桃白兰地酒0.5盎司，柠檬汁0.5盎司，砂糖1茶匙，柠檬1片，冰块适量。

（2）用具　果汁杯。

（3）制法　将材料和冰块放入果汁杯中，搅匀，加入碎冰，插上吸管。

19. 雪球（Snow Ball）

“雪球”是淡黄色的鸡尾酒，有柠檬、蛋和香草的味道。

（1）材料　白兰地1.5盎司，鸡蛋1个，柠檬汁0.5盎司，柠檬1片，红樱桃1颗，雪碧1听，碎冰适量。

白兰地诱惑

雪球

（2）用具　调酒壶、哥连士杯。

（3）制法　将白兰地、蛋黄、柠檬汁等放入调酒壶内，加冰摇匀，滤入哥连士杯，加入雪碧至八分满。用1片柠檬、1颗红樱桃卡在杯口装饰即可。

二、以威士忌酒为基酒

1. 曼哈顿（Manhattan）

曼哈顿

据说美国第二十九届总统选举时，丘吉尔的母亲在纽约的曼哈顿俱乐部举行酒会，这种鸡尾酒就在那个时候诞生的。另一种说法是，马里兰州的一个酒保为负伤的甘曼所调制的一种提神酒。近来，越来越多的人喜欢辛辣口味的曼哈顿，也就是在苦艾酒和威士忌的分量上，喜欢调制成2 ∶ 1的辛辣口味。

（1）材料　黑麦威士忌1盎司，干味美思2/3盎司，安哥斯特拉苦精1滴，冰块若干，樱桃1颗。

（2）用具　调酒杯、鸡尾酒杯。

（3）制法　在调酒杯中加入冰块，注入酒料和苦精，搅匀后滤入鸡尾酒杯，用樱桃装饰。

2. 古典鸡尾酒（Old Fashioned）

古典鸡尾酒

这款鸡尾酒是美国肯塔基州彭德尼斯俱乐部调酒师为当地赛马迷设计的。肯塔基著名的丘吉尔园赛马场入口处有装有鸡尾酒的纪念玻璃杯销售，每年都有许多赛马迷收藏这种玻璃杯。

（1）材料　威士忌1.5盎司，方糖1块，苦精1滴，苏打水2匙，冰块适量，柠檬皮1片，橘片1片。

（2）用具　古典杯。

（3）制法　在古典杯中放入苦精、方糖、苏打水，将糖搅拌后加入冰块、威士忌，搅凉后加入柠檬皮和橘片。

3. 纽约（New York）

纽约

这款鸡尾酒表现纽约的城市色彩，体现了五光十色的夜景、喷薄欲出的朝阳、落日余晖的晚霞。

（1）材料　波旁威士忌1.5盎司，莱姆汁0.5盎司，红石榴糖浆0.5盎司，冰块若干。

（2）用具　冰摇杯、葡萄酒杯。

（3）制法　倒入材料，用8分满冰块冰摇杯，摇至外部结霜，倒入葡萄酒杯，置于杯垫上。

4. 威士忌酸（Whisky Sour）

本款鸡尾酒以其配料及口味取名。

（1）材料　波旁威士忌1.5盎司，柠檬汁2/3盎司，糖水2/3盎司，绿樱桃1颗，冰块若干。

（2）用具　冰摇杯、酸酒杯。

（3）制法　用8分满冰块冰摇杯，倒入材料，摇至外部结霜，倒入酸酒杯，将绿樱桃置于杯沿装饰。

威士忌酸

5. 爱尔兰玫瑰（Irish Roses）

相传爱尔兰威士忌诞生于1170年，口味极其柔和，酒香清淡，入口平和。这款鸡尾酒取名“爱尔兰玫瑰”，给人一种温馨浪漫的感受，而且色彩也像玫瑰一样光彩照人。

（1）材料　爱尔兰威士忌1.5盎司，柠檬汁0.5盎司，柠檬1片，石榴糖浆1茶匙。

（2）用具　调酒壶、鸡尾酒杯。

（3）制法　将材料依次加入调酒壶中，摇匀，滤到鸡尾酒杯中。杯口卡上1片柠檬装饰。

6. 加州柠檬（California Lemon）

这是一种以苏打水调制的琥珀色鸡尾酒。它喝起来口感舒畅，最适合在空气干燥的加州饮用。

（1）材料　威士忌1.5盎司，柠檬汁2/3盎司，莱姆汁1/3盎司，石榴糖浆1茶匙，砂糖1茶匙，柠檬1片，苏打水适量，冰块适量。

（2）用具　海波杯、调酒壶。

（3）制法　把冰块和材料放入调酒壶中摇匀，然后倒入八分满冰冷的苏打水。

爱尔兰玫瑰

加州柠檬

杯中加入1片柠檬装饰。

威士忌雾

7. 威士忌雾（Whisky Mist）

这种鸡尾酒是介于开水与冰块之间的调配法，看起来像被一层雾气罩住。除了威士忌外，各种基酒都可使用。细碎冰的做法是，将大冰块用毛巾包好，用冰锥柄部敲碎，如果想调制好口味的威士忌雾，一定要选用市售的钻石冰。

（1）材料　威士忌2盎司，细碎冰1杯，柠檬皮1片。

（2）用具　古典杯。

（3）制法　古典杯中倒满细碎冰，加入威士忌，挤少许柠檬皮汁于杯中，置于杯垫上。

8. 老友（Old Pal）

这款鸡尾酒历史悠久，据说美国禁酒令前有许多人都饮用这款酒。干味美思和微苦的金巴利酒，加上辛辣的威士忌酒相互融合，个中甜酸苦辣，只有老友清楚。

（1）材料　威士忌2/3盎司，金巴利2/3盎司，干味美思2/3盎司。

（2）用具　调酒壶、鸡尾酒杯。

（3）制法　将各种材料加入到调酒壶中，摇匀，滤到鸡尾酒杯中，置于杯垫上。

9. 教父（Godfather）

安摩拉多酒味甜，散发出一般芳香的杏仁味道，配上浓厚的威士忌酒香，就是美味可口的教父。

（1）材料　威士忌3/4盎司，安摩拉多（Amaretto）1/4盎司，冰块适量。

（2）用具　岩石杯、吧匙。

（3）制法　把冰块放入杯中倒入材料轻搅即可。

老友

教父

10. 迈阿密海滩（Miami Beach）

一提到迈阿密，人们自然就会想到蓝天白云和碧绿的大海，一望无际的白色沙滩和遍地的棕榈树，还有富有南国风情的浅色建筑。有一款鸡尾酒亦与迈阿密海滩同名：在威士忌内添加干味美思、葡萄柚汁；如果想口感更加爽快些，可以添加一些苏打水。就是这样一款口味清新的鸡尾酒能解除你在海滩上的炎炎暑气。

迈阿密海滩

（1）材料　苏格兰威士忌2/3盎司，葡萄柚汁2/3盎司，干味美思酒2/3盎司，冰块适量。

（2）用具　调酒壶、鸡尾酒杯。

（3）制法　将所有材料入调酒壶中，加冰摇匀，滤入鸡尾酒杯，装饰即可。

11. 泰勒妈咪（Tailor Mommy）

泰勒妈咪清凉解暑，沁人心脾。

（1）材料　苏格兰威士忌1.5盎司，橙汁0.5盎司，姜汁汽水1听，冰块适量。

（2）用具　调酒壶、古典杯。

（3）制法　将苏格兰威士忌、橙汁加入调酒壶中，加冰摇匀，滤入古典杯，加入八分满姜汁汽水，最后装饰即可。

12. 生锈钉（Rusty Nail）

这是著名的鸡尾酒之一，四季皆宜，酒味芳醇，且有活血养颜之功效。

（1）材料　苏格兰威士忌1盎司，杜林标甜酒1盎司。

（2）用具　古典杯。

（3）制法　将碎冰放入古典杯中，注入上述材料慢慢搅匀即成。

泰勒妈咪

生锈钉

13. 日月潭库勒（Sun and Moon Cooler）

日月潭（Sun and Moon）是我国台湾省的一个大湖，那里风景优美，气候宜人，是休闲度假的好地方。该鸡尾酒酒色似平静的湖水，清澈透明，口味清凉如碧水。

（1）材料　苏格兰威士忌1.5盎司，绿薄荷酒1/3盎司，橙汁1/3盎司，红樱桃1颗，柠檬1片，牙签1根，苏打水适量，碎冰适量。

（2）用具　哥连士杯。

（3）制法　将碎冰放入哥连士杯中，注入上述材料慢慢搅匀即成。用牙签穿过柠檬片和红樱桃在杯口装饰。

日月潭库勒

14. 百万富翁（Millionaire）

颜色微红，口味清爽，装饰特别，尽显百万富翁的魅力。

（1）材料　苏格兰威士忌1.5盎司，君度酒0.5盎司，蛋清1个，石榴糖浆1/3盎司，柠檬1片。

（2）用具　调酒壶、鸡尾酒杯。

（3）制法　将材料依次放入调酒壶中，摇匀，滤到鸡尾酒杯中，用柠檬装饰。

15. 情人之吻（Lover's Kiss）

Lover's Kiss，不但有一个吸引人的名字，也有值得期待的味道。

（1）材料　苏格兰威士忌1盎司，干味美思1盎司，橙汁0.5盎司，柠檬1片。

（2）用具　调酒壶、鸡尾酒杯。

（3）制法　将材料依次放入调酒壶中，摇匀，滤到鸡尾酒杯中，以柠檬装饰。

百万富翁

情人之吻

16. 热威士忌酒托地（Hot Whisky Toddy）

在喜爱的烈酒里加入少许方糖等甜味材料，以开水或热开水冲淡，这种类型的鸡尾酒被称为托地。以金酒为基酒的叫金酒托地（Toddy），以朗姆酒为基酒的叫朗姆托地（Toddy）。一般而言，用热开水冲调的鸡尾酒，前面都会加上Hot。

（1）材料　威士忌1.5盎司，柠檬1片，方糖1粒，热开水适量。

（2）用具　海波杯、吧匙、吸管。

（3）制法　把方糖放入温热的海波杯中，倒入少量热开水让它溶化。然后倒入威士忌，加点热开水轻轻搅匀。最后用柠檬做装饰，附上吸管。

热威士忌酒托地

17. 秋波（Glad Eye）

秋波本意是指男女之间，做媚眼，眉目传情。这款鸡尾酒似乎也有这样的风情。

（1）材料　威士忌1.5盎司，君度0.5盎司，橙汁0.5盎司，红樱桃、绿樱桃各1颗。

（2）用具　调酒壶、鸡尾酒杯。

（3）制法　将材料依次放入调酒壶中，加入冰块，摇匀，滤到鸡尾酒杯中，以红樱桃、绿樱桃装饰。

18. 威士忌漂浮（Whisky Float）

这是一种由矿泉水及威士忌构成的二层式鸡尾酒，看起来非常漂亮。它利用水与威士忌间的密度差，将威士忌悬浮在矿泉水上面。

（1）材料　威士忌1.5盎司，矿泉水适量，冰块适量。

（2）用具　果汁杯，吧匙。

秋波

威士忌漂浮

（3）制法　将冰块放入杯中倒入矿泉水，采用吧匙贴着果汁杯内壁引流，慢慢在上面漂浮一层威士忌。

三、以金酒为基酒

1. 马天尼（Martini）

马天尼

“马天尼”这个名字来源于本款鸡尾酒的材料之一的不甜或甜苦艾酒，这种酒早先最著名的生产厂商是意大利的马尔蒂尼·埃·罗西公司，所以原先这款酒叫做“马尔蒂尼”，后来演变成现在的名字。

在所有鸡尾酒中，就数马丁尼的调法最多。人们称它为鸡尾酒中的杰作、鸡尾酒之王。虽然它只是由金酒和辛辣苦艾酒搅拌调制而成，但是口感却非常锐利、深奥。有人说光是马丁尼的配方就有268种之多。据说丘吉尔非常喜欢喝超辛辣口味，所以喝这种酒的时候是一边纯饮金酒，一边看着苦艾酒瓶。

（1）材料　金酒1.5盎司，干味美思5滴，橄榄和柠檬皮适量，冰块适量。

（2）用具　调酒壶、鸡尾酒杯。

（3）制法　加冰块搅匀后滤入鸡尾酒杯，用橄榄和柠檬皮装饰。

2. 红粉佳人（Pink Lady）

红粉佳人

此乃1912年，著名舞台剧《红粉佳人》在伦敦首演的庆功宴会上，献给女主角海则尔·多思的鸡尾酒。

（1）材料　金酒1盎司，蛋清0.5盎司，柠檬汁0.5盎司，红石榴糖浆1/4盎司，红樱桃1颗，冰块适量。

（2）用具　调酒壶、鸡尾酒杯。

（3）制法　加入基酒，倒入配料，摇至外部结霜，倒入装饰好的鸡尾酒杯，置于杯垫上。

3. 白美人（White Beauty）

白美人

此酒高贵优雅、纯净冷艳。让人联想到高贵典雅的名媛贵妇。伦敦某俱乐部的调酒师哈利·马肯霍恩，1919年发明了这款鸡尾酒。

（1）材料　干杜松子酒1盎司，君度酒1/3盎司，柠檬汁0.5盎司，冰块适量。

（2）用具　调酒壶、鸡尾酒杯。

（3）制法　将材料和冰放入调酒壶摇匀。然后，注入鸡尾酒杯。可用牙签串上樱桃和扇形菠萝装饰。

蓝月亮

4. 蓝月亮（Blue Moon）

这款鸡尾酒色彩呈明快的淡紫色，极具视觉冲击效果。香草紫罗兰利口酒由烈酒萃取甜紫罗兰花瓣的紫色和香味而成。“蓝月亮”鸡尾酒的香味和色彩营造出一种摄人心魄的妖艳之美，有“饮用香水”的美誉。

（1）材料　干杜松子酒4/3盎司，香草紫罗兰利口酒1/6盎司，柠檬汁0.5盎司，冰块适量。

（2）用具　调酒壶、鸡尾酒杯。

（3）制法　将材料和冰放入调酒壶摇匀；然后，将其注入鸡尾酒杯。

5. 螺丝钻（Gimlet）

螺丝钻是木工工具之一，形状类似拔瓶塞的螺丝锥。恐怕是由于下咽时有像被螫刺般的感觉而起的名字。据说，是去南洋殖民地的英国人想出来的，所以也许最初用的是鲜橙。

（1）材料　烈性杜松子酒1.5盎司，酸橙汁0.5盎司。

（2）用具　调酒壶、鸡尾酒杯。

（3）制法　将材料依次放入调酒壶中，摇匀后，倒入鸡尾酒杯中。

6. 百万美元（Million Dollar）

这款鸡尾酒由菠萝汁和极其细腻的蛋清泡沫调制而成，色泽粉红、口感顺滑、丰富而细腻，适合女性饮用

（1）材料　干金酒1.5盎司，菠萝汁0.5盎司，甜味美思1/3盎司，柠檬汁1/3盎

螺丝钻

百万美元

司，石榴糖浆1茶匙，鲜橙片1片，冰块适量。

（2）用具　调酒壶、鸡尾酒杯。

（3）制法　将鸡蛋清与蛋黄分开（只用鸡蛋清），再将材料和冰放入调酒壶，用力摇匀。然后注入鸡尾酒杯。最后用鲜橙片装饰。

7. 蓝色珊瑚礁（The Blue Coral Reef）

“蓝色珊瑚礁”其实并非蓝色，因为绿色薄荷酒的缘故而显得翠绿；一颗沉底的红樱桃就如同是静静躺在碧海中的热情珊瑚，而柠檬切片所擦拭过的杯口，具有舒爽的清香。

蓝色珊瑚礁

（1）材料　金酒4/5，薄荷酒1/5，红樱桃1个，柠檬切片1片。

（2）用具　调酒壶、鸡尾酒杯。

（3）制法　将冰块置入调酒壶里约八分满，加入金酒、薄荷利口酒摇和，用柠檬切片擦拭鸡尾酒杯杯口，将酒倒入后，樱桃沉底装饰。

8. 橙花（Orange Blossom）

在外国的结婚仪式中，有在胸前的婚纱上别橙花的习惯，在这里橙花代表纯洁。结婚典礼中会供应橙花鸡尾酒，使得这款鸡尾酒广为流传，现在已列为十佳鸡尾酒之列。此款鸡尾酒因为橙汁很多，所以口感很好，酒精度可随意地改变。它可适应不同场合使用，宴会自不必说，家庭舞会也不可缺少。

橙花

（1）材料　辛辣金酒1.5盎司，柳橙汁1.5盎司，柳橙苦酒1滴。

（2）用具　调酒壶、葡萄酒杯。

（3）制法　将辛辣金酒、柳橙汁、柳橙苦酒倒入调酒壶中摇和，然后将摇和好的酒倒入葡萄酒杯中。

9. 环绕地球（Around the World）

绿色的大地，蔚蓝的海洋，这就是我们的地球，一个各种历史、文化和人种交汇的世界。无数人的思绪驰骋在不同的国度，他们期待着一次次浪漫的环球之旅。

环绕地球

（1）材料　干金酒1.5盎司，绿薄荷酒1/6盎司，菠萝汁0.5盎司，冰块适量。

（2）用具　调酒壶、鸡尾酒杯。

（3）制法　将材料和冰放入调酒壶摇匀。然后，注入鸡尾酒杯，装饰即成。

阿拉斯加

10. 阿拉斯加（Alaska）

冰凉的味道，让人联想到美国的阿拉斯加的冰天雪地。这是伦敦高级饭店——萨沃伊饭店首席调酒师哈利·库拉朵库创作的鸡尾酒，在世界范围内广为传播。此酒口味甜而酒精度很高。

（1）材料　干金酒1.5盎司，修道院黄酒0.5盎司，冰块适量。

（2）用具　调酒壶，鸡尾酒杯。

（3）制法　将材料和冰放入调酒壶，摇匀。然后，注入鸡尾酒杯。

新加坡司令

11. 新加坡司令（Singapore Slings）

“司令酒”又称“斯林酒”（Sling），是鸡尾酒的一种，一般由白兰地、威士忌或杜松子酒制成的饮料，可加糖，通常还用柠檬调味。而这款“新加坡司令”则是由被英国小说家萨马塞特·毛姆称赞为“东洋之神秘”的新加坡著名的拉夫鲁斯饭店于1915年创制的，故名。

（1）材料　金酒1.5盎司，君度酒1/4盎司，石榴糖浆1盎司，柠檬汁1盎司，苦精2滴，苏打水适量。

（2）用具　调酒壶，果汁杯。

（3）制法　将各种酒料加冰块，摇匀后滤入哥连士杯内，并加满苏打水。可用樱桃和柠檬片装饰。这种鸡尾酒适宜暑热季节饮用，酒味甜润可口，色泽艳丽。

天堂

12. 天堂（Paradise）

这款鸡尾酒散发着淡淡的杏仁苦味，极具特色。轻轻喝上一口，一股幸福感油然而生，仿佛梦见了天堂一般。

（1）材料　金酒1盎司，杏仁白兰地0.5盎司，柳橙汁0.5盎司，柠檬汁1/6盎司，冰块适量。

（2）用具　调酒壶，鸡尾酒杯。

（3）制法　将材料加入注满八分满冰块的调酒壶中摇和，再倒入事先冰过的杯子里。

13. 探戈（Tango）

探戈

这款鸡尾酒诞生于法国巴黎的哈利·纽约酒吧。恰如其名一样，该款鸡尾酒味道如探戈热情奔放。谁不愿与心爱的人浓情蜜语地缠绵整个浪漫夜晚呢？

（1）材料　金酒1盎司，甜味美思0.5盎司，干味美思0.5盎司，橙味柑桂酒1/3盎司，橙汁1/3盎司，冰块适量。

（2）用具　调酒壶，葡萄酒杯。

（3）制法　将材料和冰块放入调酒壶中摇匀，然后注入葡萄酒杯。

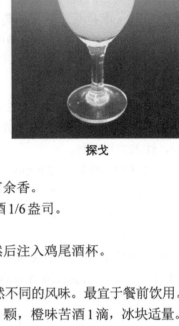

14. 地震（Earthquake）

Earthquake的意思是地震。也许是指饮用时身体会发震。的确，这款酒是以金酒和威士忌为基酒，所以酒力强大不容置疑，茴香酒气味强烈，令人口有余香。

（1）材料　金酒1盎司，威士忌0.5盎司，茴香酒1/6盎司。

（2）用具　调酒壶，鸡尾酒杯。

（3）制法　将材料和冰块放入调酒壶中摇匀，然后注入鸡尾酒杯。

15. 大教堂（Abbey）

一杯在口，宛如在咀嚼水果一般，令人享受到迥然不同的风味。最宜于餐前饮用。

（1）材料　金酒1盎司，橙汁0.5盎司，红樱桃1颗，橙味苦酒1滴，冰块适量。

（2）用具　调酒壶，鸡尾酒杯。

（3）制法　将材料和冰块放入调酒壶中摇匀，然后注入鸡尾酒杯。放入红樱桃装饰。

地震

大教堂

16. 黑夜之吻（Kiss in the Dark）

这款鸡尾酒外形娇艳，如一颗黑暗中璀璨的深红色宝石，散发出樱桃特有的甜酸味和迷人的香气以及干味美思中香草的味道。让恋人在迷离的烛光中，上演一出浪漫的爱情故事。

（1）材料　金酒1盎司，樱桃白兰地0.5盎司，干味美思1茶匙，冰块适量。

（2）用具　调酒壶，葡萄酒杯。

（3）制法　将材料和冰块放入调酒壶中摇匀，然后注入鸡尾酒杯。

黑夜之吻

17. 白玫瑰（White Roses）

轻盈的蛋清泡沫，犹如一朵洁白的玫瑰花盛开，散发出迷人的花香。这款鸡尾酒气质高雅，口味平和，餐后饮用，能生津止渴。

（1）材料　金酒1盎司，樱桃白兰地0.5盎司，橙汁1茶匙，柠檬汁1茶匙，蛋清1/2只，冰块适量。

（2）用具　调酒壶，鸡尾酒杯。

（3）制法　将材料和冰块放入调酒壶中摇匀，然后注入鸡尾酒杯。

18. 警犬（Bloodhound）

这款鸡尾酒经过搅拌机的调和，酒与草莓混为一体，酒香与水果香相互交融，令人口舌生津。

（1）材料　金酒1盎司，干味美思1/3盎司，甜味美思0.5盎司，草莓2只，冰块适量。

（2）用具　搅拌机，古典杯。

（3）制法　将材料和冰块放入搅拌机中打匀，然后注入古典杯。

白玫瑰

警犬

19. 巴黎人（Parisian）

巴黎人

这款鸡尾酒采用法国黑加仑子利口酒，让人联想到浪漫的巴黎人。在干杜松子酒和干味美思的混合体中，能品尝到一丝黑加仑子轻柔的芳香。

（1）材料　金酒1盎司，干味美思1盎司，黑加仑利口酒1盎司，柠檬皮1只，冰块适量。

（2）用具　调酒壶，葡萄酒杯。

（3）制法　将材料和冰块放入调酒壶中摇匀，然后注入葡萄酒杯，用柠檬皮挤汁淋在酒面上。可用红樱桃装饰。

20. 珍贵之心（Precious Heart）

这款鸡尾酒入口即化，代表了女性的所有柔情蜜语，表达着对千古不变的纯真爱情的敬意。它就像一个动人的爱情故事，故事里痴情的女子向她的爱人遥寄着无限的思念。

（1）材料　金酒1盎司，鸡蛋果0.5盎司，水蜜桃利口酒1/3盎司，葡萄柚1/3盎司，柠檬皮1只，冰块适量。

（2）用具　调酒壶，鸡尾酒杯。

（3）制法　将材料和冰块放入调酒壶中摇匀，然后注入鸡尾酒杯，用柠檬皮装饰。

21. 春天歌剧（Spring Opera）

这款鸡尾酒充满了季节感，仿佛春天就要来临。

（1）材料　金酒1.5盎司，樱桃利口酒0.5盎司，水蜜桃利口酒0.5盎司，柠檬汁1茶匙，橙汁2茶匙，冰块适量，绿樱桃1颗。

（2）用具　调酒壶，酸酒杯。

珍贵之心

春天歌剧

（3）制法　将材料和冰块放入调酒壶中摇匀，然后注入酸酒杯，用绿樱桃沉底装饰。

22. 玛丽公主（Princess Mary）

此款鸡尾酒是在1922年举行的玛丽公主结婚纪念上，由伦敦希洛斯俱乐部的哈利·马敦浩创作的。此酒是一款餐后酒，是由金酒代替白兰地后经过整理得到的。如果用伏特加调和的话，则为芭芭拉鸡尾酒，如果用对等的金酒和威士忌调和的话，则称芭芭莉。

玛丽公主

（1）材料　辛辣金酒1盎司，可可甜酒1盎司，鲜奶油1盎司，豆蔻粉少量。

（2）用具　调酒壶，鸡尾酒杯。

（3）制法　将辛辣金酒、可可甜酒、鲜奶油倒入调酒壶中，剧烈地摇和；然后，将摇和好的酒倒入鸡尾酒杯中，撒一些豆蔻粉在上面。可用红樱桃装饰。

23. 开胃酒（Appetizer）

该款鸡尾酒将使你食欲大增。英语中称增进食欲的开胃酒为“appetizer”，法语则说“aperitif”。杜本内酒也可作为开胃葡萄酒饮用。色泽深红、香味独特的杜本内葡萄酒，加上清爽而微苦的干杜松子酒和酸甜的橙汁，就得到一款果味浓厚、开胃健脾的鸡尾酒。

开胃酒

（1）材料　辛辣金酒1盎司，杜本内酒2/3盎司，橙汁0.5盎司。

（2）用具　调酒壶，葡萄酒杯。

（3）制法　将辛辣金酒、杜本内酒、橙汁等倒入调酒壶中摇匀；然后，将摇和好的酒倒入葡萄酒杯中。

四、以朗姆酒为基酒

1. 黛克瑞（Daiquiri）

1898年，当西班牙和美国的战争结束时，一位美国工程师应聘至古巴的圣地亚哥，协助开采一个名叫黛克瑞（Daiquiri）的铁矿。由于工程艰苦，气候炎热，每晚需喝点酒来解疲劳，于是他们就地取材，把罗姆酒加些糖和青柠汁调和来喝。直到1900年，这位工程师觉得如此美酒没名太遗憾，便向同僚建

黛克瑞

议取名黛克瑞。

（1）材料　朗姆酒1.5盎司，柠檬汁或橙汁0.5盎司。

（2）用具　调酒壶，鸡尾酒杯。

（3）制法　将朗姆酒、柠檬汁或橙汁等倒入调酒壶中摇匀；然后，将摇和好的酒倒入鸡尾酒杯中。可用柠檬块装饰。

最后之吻

2. 最后之吻（The Last Kiss）

相逢是离别的开始，一曲终了又将上演新的一幕。世上是否有一种鸡尾酒，能让那痛苦成为美好的回忆呢？最后之吻（The Last Kiss）将为你诠释这一切！

（1）材料　朗姆酒1.5盎司，白兰地1/3盎司，柠檬汁1/6盎司。

（2）用具　调酒壶、鸡尾酒杯。

（3）制法　将朗姆酒、白兰地、柠檬汁等倒入调酒壶中摇匀；然后，将摇和好的酒倒入鸡尾酒杯中。

迈阿密

3. 迈阿密（Miami）

朗姆酒产于加勒比海和西印度洋群岛，而美国佛罗里达州的迈阿密被认为是加勒比海的入口，当地温暖的气候和美丽的海滩使之成为著名的旅游度假区。朗姆酒柔和的口味让人联想到加勒比海地区的风情。

（1）材料　朗姆酒1.5盎司，白薄荷酒2/3盎司，柠檬汁1茶匙。

（2）用具　调酒壶，酸酒杯。

（3）制法　将朗姆酒、白薄荷酒、柠檬汁等倒入调酒壶中摇匀；然后，将摇和好的酒倒入酸酒杯中。

X.Y.Z

4. X.Y.Z

这款鸡尾酒的名字源于英文的最后3个字“X.Y.Z”，意思是“没有比这更好的了”。

（1）材料　朗姆酒1.5盎司，君度酒1/3盎司，柠檬汁1/3盎司。

（2）用具　调酒壶、鸡尾酒杯。

（3）制法　将朗姆酒、君度酒、柠檬汁等倒入调酒壶中摇匀；然后，将摇和好的酒倒入鸡尾酒杯中。

5. 自由古巴（Cuba Liberation）

Cuba Liberation是古巴人民在西班牙统治下争取独立的口号。美西战争中，在古巴首都哈瓦那登陆的一个美军少尉在酒吧要了朗姆酒，他看到对面座位上的战友们在喝可乐，就突发奇想把可乐加入了朗姆酒中，并举杯对战友们高呼："Cuba Liberation!" 从此就有了这款鸡尾酒。

（1）材料　深色朗姆酒1盎司，柠檬汁0.5盎司，可乐1听，柠檬1片，冰块适量。

（2）用具　高球杯、吧叉匙、调酒棒。

（3）制法　在高球杯中加满8分冰块。量1盎司深色朗姆酒与0.5盎司柠檬汁于杯中，注入可乐至8分满，用吧叉匙轻搅2～3下。夹柠檬片于杯口，放入调酒棒，置于杯垫上。

自由古巴

6. 迈泰（Maitai）

"Mai Tai" 乃澳大利亚塔西提岛土语，意思是"好极了"。1944年这款酒的最初品尝者是两个塔西提岛人，他们品饮之后连声说："Mai Tai!" 从此得名。本款酒又叫："好极了""迈太"或"媚态"。

（1）材料　白色朗姆酒1盎司，深色朗姆酒0.5盎司，白柑橘香甜酒0.5盎司，莱姆汁0.5盎司，糖水0.5盎司，红石榴糖浆1/3盎司，红樱桃1只，凤梨片1片，冰块适量。

（2）用具　调酒壶，高脚杯。

（3）制法　小摇杯装1/2冰块，量白色朗姆酒、深色朗姆酒、白柑橘香甜酒、莱姆汁、糖水、红石榴糖浆等倒入，摇至外部结霜，将摇杯中材料和较完整的冰块一起倒入高脚杯，置于杯垫上。用红樱桃和凤梨片装饰。

迈泰

7. 百家地（Bacardi）

顾名思义，必须使用百家地公司生产的朗姆酒调制该鸡尾酒。1933年美国取消禁酒法，当时设在古巴的百家地公司为促进朗姆酒的销售设计了该酒品。

（1）材料　百家地朗姆酒1/5盎司，鲜柠檬汁1/4盎司，石榴糖浆3/4盎司。

（2）用具　调酒壶，鸡尾酒杯。

百家地

（3）制法　将冰块置于调酒壶内，注入酒、石榴糖浆和鲜柠檬汁充分摇匀，滤入鸡尾酒杯。可用红樱桃一颗点缀。

8. 上海（Shanghai）

上海曾沦为欧美各国的租界地，这种鸡尾酒就是以它命名，暗褐色朗姆独特的焦味配上茴香利口酒的甜味，调制出口味复杂的上海鸡尾酒。

（1）材料　暗褐色朗姆酒1盎司，鲜柠檬汁2/3盎司，石榴糖浆1/2茶匙，茴香利口酒1/3盎司。

（2）用具　调酒壶，酸酒杯。

（3）制法　将冰块置于调酒壶内，注入酒、石榴糖浆和鲜柠檬汁充分摇匀，滤入酸酒杯。

上海

9. 极光（Aurora）

罗马神话里的曙光女神Aurora，她化身为月桂树，象征着王者和胜利。她的灵魂成为奥林匹斯的曙光女神，出现在黎明前和晨光出现的一瞬，活跃在最黑暗的那一刻。

（1）材料　淡色朗姆酒1.5盎司，柑橘利口酒1/3盎司，覆盆子利口酒1/3盎司，冰块适量。

（2）用具　调酒壶，葡萄酒杯。

（3）制法　将冰块置于调酒壶内，注入各种材料充分摇匀，滤入葡萄酒杯。可用酒签穿过柠檬片和红樱桃装饰。

10. 绿眼睛（Green Eyes）

色彩纤细、风味独特的金色朗姆酒，配上浓缩了甘甜果汁的甜瓜利口酒以及菠萝汁和椰奶等，使这款鸡尾酒口味绵长醇厚，清凉爽口。设计者为卢·普鲁米埃尔餐厅的阿尔伯特·勒佩蒂。

极光

绿眼睛

（1）材料　金色朗姆酒1盎司，甜瓜利口酒1盎司，菠萝汁1盎司，椰奶0.5盎司，柳橙汁0.5盎司。

（2）用具　搅拌机，古典杯。

（3）制法　将冰块置于搅拌机内，注入各种材料充分打匀，滤入古典杯。可用柠檬片装饰。

11. 天蝎宫（Scopion）

这种鸡尾酒正如其名，是一种非常危险的鸡尾酒，因为它喝起来的口感很好，等到发现不对的时候，已经相当醉了。

天蝎宫

（1）材料　无色朗姆酒1.5盎司，白兰地1盎司，柠檬汁2/3盎司，柳橙汁2/3盎司，莱姆汁0.5盎司，冰块适量。

（2）用具　调酒壶，葡萄酒杯，吸管。

（3）制法　将冰块和材料依序倒入调酒壶内摇匀，倒入装满细碎冰的杯中。附上两根吸管。

12. 蓝色夏威夷（Blue Hawaii）

蓝色柑橘酒迷人的色彩生动地展现了夏威夷（Hawaii）一望无际的蔚蓝海水，碎冰犹如海水拍打礁石绽放的浪花，玻璃杯杯口装饰的菠萝衬托出特有的南国风情。

蓝色夏威夷

（1）材料　浅色朗姆酒1.5盎司，蓝色柑橘酒2/3盎司，菠萝汁2盎司，柠檬汁0.5盎司，柠檬1片，红樱桃1颗，纸伞1把。

（2）用具　调酒壶，果汁杯。

（3）制法　摇酒器内加入一半冰块，再把上述材料倒入一起摇匀后，倒入果汁杯内，放一片柠檬、一颗红樱桃及1把纸伞作为装饰。

13. 古巴人（Cuban）

这款“古巴人”鸡尾酒以朗姆酒原产地古巴命名。古巴人性格开朗，热情奔放。朗姆酒当然要选用具有清爽风味的古巴朗姆酒。

古巴人

（1）材料　浅色朗姆酒1.5盎司，杏仁白兰地酒0.5盎司，柳橙汁1/3盎司，石榴糖浆2茶匙，冰块适量。

（2）用具　调酒壶，鸡尾酒杯。

（3）制法　调酒壶内加入冰块，再把上述材料倒入一起摇匀后，倒入鸡尾酒杯内。

哈瓦那俱乐部

14. 哈瓦那俱乐部（Havana Club）

这款鸡尾酒以古巴城市哈瓦那命名。由古巴特产甘蔗酿造的朗姆酒与菠萝汁调和而成的鸡尾酒，味道绵软，充满沙滩风情。

（1）材料　淡质朗姆酒1盎司，菠萝汁1盎司，白糖浆1茶匙，冰块适量。

（2）用具　调酒壶、果汁杯。

（3）制法　摇酒器内加入冰块，再把上述材料倒入一起摇匀后，倒入果汁杯内。

15. 水晶蓝（Crystal Blue）

这款鸡尾酒让人想到如水晶般清澈的蔚蓝大海和晴朗的骄阳，还有象征古巴的朗姆酒和椰树林。

（1）材料　哈瓦那俱乐部朗姆酒（透明朗姆酒）15mL，蓝鸡蛋果利口酒15mL，蜜桃利口酒15mL、葡萄柚汁15mL，甜味樱桃1颗，冰块适量。

（2）用具　调酒壶，品酒杯。

（3）制法　将材料和冰放入调酒壶，摇匀。然后，注入品酒杯，用甜味樱桃装饰。

16. 百家地安诺（Bacardiano）

该款鸡尾酒的基酒最好选用百家地公司生产的透明朗姆酒和意大利的加利安诺酒调制而成。集石榴糖浆的甜味和柠檬汁的酸味与清香于一身，入口清爽柔和，备受青睐。

（1）材料　百家地朗姆酒1.5盎司，加利安诺酒1茶匙，柠檬汁0.5盎司，石榴糖浆1/2茶匙，红樱桃1颗，冰块适量。

（2）用具　调酒壶，鸡尾酒杯。

（3）制法　将上述材料加冰摇匀后滤入杯中，以红樱桃沉底装饰。

水晶蓝

百家地安诺

17. 斯汤丽（Stanlay）

这款鸡尾酒材料采用朗姆酒和干金酒，因此酒精度数高，口感辛辣，入喉有强烈的灼烧感。

（1）材料　淡质朗姆酒1盎司，干金酒1盎司，柠檬汁1茶匙，石榴糖浆1茶匙，冰块适量。

（2）用具　调酒壶，鸡尾酒杯。

（3）制法　将上述材料加冰摇匀后滤入鸡尾酒杯中。

斯汤丽

五、以特基拉酒为基酒

1. 玛格丽特（Margaret）

本款鸡尾酒是1949年全美鸡尾酒大赛冠军，它的创作者是洛杉矶的简·杜雷萨。在1926年，他和恋人玛格丽特外出打猎，她不幸中流弹身亡。简·杜雷萨从此郁郁寡欢，为纪念爱人，将自己的获奖作品以她的名字命名。因为玛格丽特生前特别喜欢吃咸的东西，故本款鸡尾酒杯使用盐口杯。

（1）材料　特基拉酒1盎司，橙皮香甜酒1/2盎司，鲜柠檬汁1盎司，精细盐适量，冰块适量。

（2）用具　调酒壶，三角鸡尾酒杯。

（3）制法　先将玛格丽特杯用精细盐圈上杯口待用，并将上述材料加冰摇匀后滤入杯中。

2. 蓝色玛格丽特（Blue Margaret）

蓝色玛格丽特是玛格丽特的变化之一。

（1）材料　特基拉酒1盎司，蓝色柑香酒0.5盎司，砂糖1茶匙，细碎冰3/4杯，盐适量，冰块适量。

（2）用具　调酒壶，三角鸡尾酒杯。

（3）制法　用盐将杯子做成雪糖杯型。然后，将冰块和材料倒入调酒壶内，摇

玛格丽特

蓝色玛格丽特

匀倒入杯中即可。

3. 冰镇玛格丽特（Iced Margaret）

本款鸡尾酒是玛格丽特的变化之一。

（1）材料　特基拉酒1盎司，白柑橘香甜酒1盎司，莱姆汁1盎司，柠檬1片，盐适量，冰块适量。

（2）用具　浅碟形香槟杯，碎冰机，搅拌机。

（3）制法　制作盐口鸡尾酒杯（切柠檬一片，夹取之擦湿浅碟形香槟杯杯口，铺薄盐在圆盘上，将杯口倒置，轻沾满盐备用）。依次将特基拉酒、白柑橘香甜酒、莱姆汁倒入搅拌机内。用碎冰机打碎适量冰块，加入搅拌机内。打匀倒入盐口杯，置于杯垫上。

冰镇玛格丽特

4. 特基拉日出（Tequila Sunrise）

这是一款诞生在特其拉酒的故乡——墨西哥的鸡尾酒。1972年，滚石乐队成员世界巡回演出时，邂逅这款鸡尾酒，并对其大加赞赏。随后经滚石乐队的歌迷们爱屋及乌地将它带到了世界各地，为世人所知。

（1）材料　特基拉酒1盎司，橙汁2盎司，石榴糖浆1/2盎司，冰块适量。

（2）用具　鸡尾酒杯，吧匙。

（3）制法　在鸡尾酒杯中加适量冰块，量入特基拉酒，兑满橙汁，然后沿杯壁例入石榴糖浆，使其沉入杯底，似乎像太阳喷薄欲出状。

5. 特基拉日落（Tequila Sunset）

本款鸡尾酒热情似火的色彩宛如度假地日落时分的夕阳，瑰丽而短暂。清酸的柠檬汁使特其拉酒独特的味道变得入口温和清爽，甜甜的味道也深受女性的青睐。

（1）材料　特基拉酒1盎司，柠檬汁1盎司，石榴糖浆1茶匙，碎冰适量。

（2）用具　鸡尾酒杯，调酒壶。

特基拉日出

特基拉日落

（3）制法　将上述各种材料摇匀，滤入装满碎冰的鸡尾酒杯中。

墨西哥人

6. 墨西哥人（Mexican）

淡雅的色彩宛如墨西哥人朝夕相处的仙人掌花，口感宜人，酸甜的菠萝汁令你满口生香，石榴糖浆让你感受绵绵的清甜，这就是“墨西哥人（Mexican）”。

（1）材料　特基拉酒1盎司，菠萝汁0.5盎司，石榴糖浆1滴。

（2）用具　葡萄酒杯，调酒壶。

（3）制法　将上述各种材料摇匀，滤入葡萄酒杯中。

7. 斗牛士（Matador）

Matador之意为斗牛士，墨西哥斗牛盛行，本款鸡尾酒用墨西哥特产特基拉酒做基酒，故名。特其拉酒酒精度高，入喉爽利，令人难以忘怀。

（1）材料　特基拉酒1盎司，菠萝汁1.5盎司，柳橙汁0.5盎司。

（2）用具　古典杯，调酒壶。

（3）制法　将上述各种材料摇匀，滤入古典杯中。

8. 思恋百老汇（Broadway Thirst）

百老汇——纽约著名的大街，这里汇集了许多赫赫有名的舞台剧剧院。这款鸡尾酒的制作者也许对这条给人们带来无穷欢娱的大街充满了向往。

（1）材料　特基拉酒1盎司，柠檬汁1/3盎司，柳橙汁2/3盎司，白糖浆1茶匙。

（2）用具　鸡尾酒杯，调酒壶。

斗牛士

思恋百老汇

（3）制法　将上述各种材料摇匀，滤入鸡尾酒杯中。

9. 旭日东升（Rising Sun）

香烈的野红梅杜松子酒，口味细腻的修道院黄酒，加上清香的柳橙汁，组成了一款典雅的鸡尾酒，口味均衡，耐人回味，沉淀在杯底的甜味樱桃正如一轮正在升起的红日。

（1）材料　特基拉酒1盎司，修道院黄酒2/3盎司，柳橙汁2/3盎司，野红梅杜松子酒1茶匙，红樱桃1颗。

（2）用具　鸡尾酒杯，调酒壶。

（3）制法　将酒杯做成雪糖杯型，然后，上述各种材料摇匀，滤入鸡尾酒杯中，以红樱桃装饰。

旭日东升

六、以伏特加酒为基酒

1. 咸狗（Salty Dog）

“咸狗”一词是英国人对满身海水船员的蔑称，因为他们总是浑身泛着盐花，本款鸡尾酒的形式与之相似，故名“咸狗”。

（1）材料　伏特加1盎司，葡萄柚汁1听，冰块适量。

（2）用具　高球杯，吧叉匙。

（3）制法　制作盐口高球杯（切柠檬一片，夹取之擦湿高飞球杯口，铺薄盐在圆盘上，将杯口倒置，轻沾满盐备用）。在盐口高球杯中加满8分冰块。量伏特加于杯中，注入葡萄柚汁至8分满，用吧叉匙轻搅5～6下，置于杯垫上。

咸狗

2. 烈焰之吻（Kiss of the Fire）

伏特加酒酒性浓烈，如烈火一样，这款鸡尾酒在伏特加酒内添加了萃取药草精华的味美思酒，因此一接触到嘴唇就有一股强烈刺激的灼热感，似烈焰燃烧。

（1）材料　伏特加2/3盎司，野红莓杜松子酒2/3盎司，干味美思2/3盎司，柠檬汁2大滴，砂糖适量，冰块适量。

（2）用具　调酒壶，鸡尾酒杯。

烈焰之吻

（3）制法　用柠檬切片切口将鸡尾酒杯湿润，将酒杯倒放在铺有砂糖的平底器皿上，让砂糖黏附在杯口，最后擦去多余的糖粒，装饰成积雪状。然后，把材料和冰放入调酒壶，摇匀。注入鸡尾酒杯。

3. 莫斯科的骡子（Moscow's Mule）

“莫斯科的骡子”鸡尾酒由姜汁啤酒、伏特加和柳橙调和而成，口味清新爽口。

（1）材料　伏特加1.5盎司，姜汁啤酒3盎司，柳橙1块，冰块适量。

（2）用具　哥连士杯。

（3）制法　将冰块倒入哥连士杯中，依次加入伏特加酒和姜汁啤酒，柳橙挤汁后一起沉入杯底。

莫斯科的骡子

4. 俄罗斯人（Russian）

伏特加原产俄罗斯，故名。

（1）材料　伏特加2/3盎司，琴酒2/3盎司，深色可可酒2/3盎司，冰块适量。

（2）用具　调酒壶，海波杯。

（3）制法　用8分满冰块放入调酒壶中，然后，倒入配料，摇至外部结霜，倒入海波杯，置于杯垫上。可用柠檬装饰。

5. 黑俄罗斯（Black Russian）

本款酒又称“黑俄”，因为采用了俄罗斯人最喜爱的伏特加为基酒，又加入了咖啡利口酒，颜色较深，故名。

（1）材料　伏特加1盎司，咖啡利口酒0.5盎司，冰块适量。

（2）用具　搅拌长匙，岩石杯。

（3）制法　将伏特加倒入加有冰块的杯中。倒入利口酒，轻轻搅匀。可用柠檬

俄罗斯人

黑俄罗斯

片、橄榄装饰。

芭芭拉

6. 芭芭拉（Barbara）

这款鸡尾酒生奶油味浓，口感柔滑，色彩素净。

（1）材料　伏特加1盎司，可可利口酒0.5盎司，生奶油0.5盎司，冰块适量。

（2）用具　调酒壶，鸡尾酒杯。

（3）制法　将材料和冰放入调酒壶，用力摇匀，然后注入鸡尾酒杯。可用绿樱桃装饰。

7. 螺丝刀（Screwdriver）

这是一种杯中洋溢着柳橙汁香味的鸡尾酒。在伊朗油田工作的美国工人以螺丝刀将伏特加及柳橙汁搅匀后饮用，故而取名为螺丝刀。如果将螺丝刀中的伏特加基酒换成金酒，则变成橘子花鸡尾酒，美国禁酒法时期，这种鸡尾酒非常流行。螺丝刀的配方中如果多加一种叫加里安诺（Galliano）的黄色甜味利口酒，就变成哈维·沃鲁班卡伏特加（Harvey Wallbange）鸡尾酒。

（1）材料　伏特加1.5盎司，鲜橙汁4盎司，鲜橙适量，碎冰适量。

（2）用具　哥连士杯。

（3）制法　将碎冰置于哥连士杯中，注入酒和橙汁，搅匀，以鲜橙点缀之。

8. 琪琪（Chichi）

“琪琪”源自法语的“丝丝”（Chichi，原指罩衫的折褶），到了美国就发音为“琪琪”。“琪琪”在美国俚语里为“棒”和“时髦”之意。“琪琪”鸡尾酒出自于美国夏威夷。

（1）材料　伏特加1.5盎司，菠萝汁1.5盎司，椰奶2/3盎司，白糖浆1/3盎司，

螺丝刀

琪琪

樱桃番茄1颗，碎冰适量。

（2）用具　调酒壶，浅碟形香槟杯。

（3）制法　将材料和冰放入调酒壶摇匀。注入装满碎冰的玻璃杯中。以樱桃番茄装饰。

9. 蓝泻湖（The Blue Lagoon）

据说，蓝泻湖是一个由火山熔岩形成的咸水湖，富含矿物质，远在冰岛。

（1）材料　伏特加酒1盎司，蓝色橙味利口酒2/3盎司，鲜柠檬汁2/3盎司，碎冰适量，糖粉1茶匙，樱桃1颗。

（2）用具　调酒壶，浅碟形香槟杯。

（3）制法　将材料放入调酒壶中摇匀，倒入加满碎冰的浅碟形香槟杯中。以樱桃装饰。

蓝泻湖

10. 血腥玛丽（Bloody Mary）

Bloody有血腥之意，据说此酒的名字是源自英格兰女王玛丽。她是一个可怕的女王，因为迫害新教徒，所以被冠以血腥玛丽的称号。在美国禁酒法期间，这种鸡尾酒在地下酒吧非常流行，称为“喝不醉的番茄汁”。该款鸡尾酒一般以带叶的芹菜秆装饰。

（1）材料　伏特加1.5盎司，番茄汁4盎司，辣酱油1/2茶匙，精盐1/2茶匙，黑胡椒1/2茶匙，柠檬片1片，芹菜秆1根，冰块适量。

（2）用具　老式杯，吧匙。

（3）制法　在老式杯中放入冰块，按顺序在杯中加入伏特加和番茄汁，然后再撒上辣酱油、精盐、黑胡椒等，最后放入一片柠檬片，用芹菜秆搅匀即可。这是一款世界流行鸡尾酒，甜、酸、苦、辣四味俱全，富有刺激性，夏季饮用可增进食欲。

血腥玛丽

11. 雪国（Yukiguni）

此酒颜色淡白，杯口装饰用砂糖作雪景，点睛之笔是沉入杯底的薄荷樱桃。雪国鸡尾酒表现的是常青树的绿色。

（1）材料　伏特加2/3盎司，白色柑香酒1/3盎司，柠檬汁2茶匙，薄荷樱桃1颗，砂糖少量。

（2）用具　调酒壶，鸡尾酒杯。

（3）制法　将伏特加、白色柑香酒、柠檬汁倒

雪国

入调酒壶中摇和，然后倒入沾了糖边的酒杯中，最后用薄荷樱桃沉底装饰。

12. 公牛弹丸（Bull Shot）

这是一种将酒与汤结合在一起的特殊鸡尾酒。这种鸡尾酒的问世，让人更相信只要口味兼容，任何材料都可以拿来调制鸡尾酒。这种鸡尾酒的可口与否，关键全在牛肉汤的好坏。它是底特律一家名叫科卡斯的俱乐部主人所发明的。

（1）材料　伏特加1盎司，牛肉汤2盎司，冰块适量。

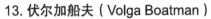

公牛弹丸

（2）用具　调酒壶，岩石杯。

（3）制法　将冰块和材料倒入调酒壶中摇匀，然后倒入加有冰块的杯中。

13. 伏尔加船夫（Volga Boatman）

伏尔加船夫鸡尾酒与一首古老的俄罗斯民歌《伏尔加船夫曲》同名。伏尔加河是俄罗斯境内的一条大河，俄罗斯人称她为“母亲河”，对她怀着无比深厚的爱。伏尔加船夫鸡尾酒也许是伏尔加河船夫们的至爱，或许是这款鸡尾酒展示了伏尔加河船夫们沿途所见的壮丽景色。

（1）材料　伏特加2/3盎司，樱桃白兰地2/3盎司，橙汁2/3盎司，冰块适量。

（2）用具　调酒壶，鸡尾酒杯。

（3）制法　将冰块和材料倒入调酒壶中摇匀，然后倒入鸡尾酒杯中。

14. 伙伴（Partner）

这款鸡尾酒一般在志同道合的朋友聚会时饮用，清爽的口味就像彼此间纯真的友情一样。

（1）材料　伏特加1盎司，淡质朗姆酒0.5盎司，橙汁0.5盎司，冰块适量。

伏尔加船夫

伙伴

（2）用具　调酒壶，鸡尾酒杯。

（3）制法　将冰块和材料倒入调酒壶中摇匀，然后倒入鸡尾酒杯中。可用鲜橙装饰。

吉祥猫

15. 吉祥猫（Manekineko）

这款鸡尾酒果味丰富，充满着吉祥的寓意。

（1）材料　伏特加2/3盎司，香蕉利口酒1/3盎司，葡萄柚汁2/3盎司，蓝柑酒1茶匙，红樱桃1颗，冰块适量。

（2）用具　调酒壶，鸡尾酒杯。

（3）制法　将冰块和材料倒入调酒壶中摇匀，然后倒入鸡尾酒杯中，红樱桃沉底装饰。

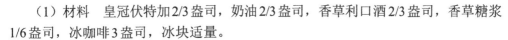

16. 俄国咖啡（Russian Cafe）

皇冠伏特加口感清新爽朗，仿佛夏日里迎面而来的阵阵凉风。香草利口酒甘甜芳香，加上冰咖啡的苦酸，使这款鸡尾酒风味浓郁，堪称酷暑中的上佳饮品。

（1）材料　皇冠伏特加2/3盎司，奶油2/3盎司，香草利口酒2/3盎司，香草糖浆1/6盎司，冰咖啡3盎司，冰块适量。

（2）用具　调酒壶，哥连士杯。

（3）制法　将材料和冰放入调酒壶，摇匀。然后注入盛有冰块的哥连士杯，轻轻倒入冰咖啡，使杯中饮品分为两层。

17. 爱情追逐者（Road Runner）

这款鸡尾酒以伏特加为基酒，另添加椰奶和安摩拉多（Amaretto）酒，因此入口清淡，受到女性的追捧。

（1）材料　伏特加1盎司，安摩拉多酒0.5盎司，椰奶0.5盎司，肉豆蔻粉适

俄国咖啡

爱情追逐者

量，樱桃番茄1颗。

（2）用具　调酒壶，酸酒杯。

（3）制法　将材料和冰放入调酒壶，用力摇匀。然后注入酸酒杯。在酒面撒上适量的肉豆蔻粉。用樱桃番茄装饰。

18. 哈威撞墙（Harvey Wallbanger）

关于这款鸡尾酒的来历还有一段有趣的故事：一位名叫哈威的冲浪运动员（也有人说是推销员），喝了这款鸡尾酒后，天晕地旋，一头撞到墙上。

（1）材料　伏特加1.5盎司，橙汁6盎司，加里安诺2茶匙，冰块适量。

（2）用具　调酒壶，海波杯。

（3）制法　将材料和冰放入调酒壶，用力摇匀。然后注入海波杯。可用鲜橙片装饰。

哈威撞墙

19. 午夜暖阳（Midnight Sun）

在极地地区，仲夏或严冬的深夜，太阳依然高照。这款鸡尾酒就是要让人有一种如见午夜暖阳的体会。仲夏之夜，慵懒的阳光静静地泼洒在北极地区苍翠的原始森林，简直是一幅印象画，忧伤而凄美。此酒宜于在浪漫的午夜饮用。

（1）材料　伏特加1.5盎司，绿甜瓜利口酒1盎司，橙汁2/3盎司，柠檬汁1/3盎司，石榴糖浆1茶匙，冰镇苏打水适量，甜味樱桃1颗，冰块适量。

（2）用具　调酒壶，果汁杯。

（3）制法　将材料和冰放入调酒壶，摇匀。然后注入果汁杯中，用冰镇苏打水注满酒杯；轻轻调匀后，将石榴糖浆沿杯内壁慢慢倒入酒杯内，使之沉在杯底。最后，用甜味樱桃装饰。

午夜暖阳

七、以啤酒为基酒

1. 红眼（Red Eye）

这是一款使用番茄汁调和的美国式鸡尾酒。

（1）材料　啤酒1/2杯，番茄汁1/2杯，冰块适量。

（2）用具　吧匙，坦布勒杯。

（3）制法　在坦布勒杯中倒入冰冷的啤酒和番茄汁，用吧匙慢慢地调和均匀。

红眼

2. 红鸟（Red Bird）

这是一款美式长饮酒，其中加入了很多番茄汁，与“红眼”一样可以说是鸡尾酒中的代表品种。

（1）材料　啤酒1/2杯，番茄汁1/2杯，伏特加酒45mL。

（2）用具　海波杯。

（3）制法　将伏特加酒倒入杯中，再将啤酒倒入海波杯中注到一半，剩下的一半用番茄汁注满，搅拌均匀。可用鲜橙装饰。

红鸟

3. 鸡蛋啤酒（Egg in the Beer）

此酒是用啤酒和蛋黄调制而成的，泡沫丰富，营养全面，具有细腻的口感。

（1）材料　啤酒1杯，蛋黄1个。

（2）用具　鸡尾酒杯。

（3）制法　将蛋黄倒入鸡尾酒杯中，用吧匙打散，用啤酒注满。

4. 黑丝绒（Black Velvet）

黑丝绒是1861年在英国伦敦的布鲁克斯俱乐部调制而成的，当时阿尔伯特亲王逝世了，一名服务员认真地在倒香槟时也进行哀悼，所以他加入了黑啤酒。

（1）材料　黑啤酒1/2杯，香槟1/2杯，柠檬1片，樱桃1颗。

（2）用具　海波杯。

（3）制法　从酒杯两侧同时倒入黑啤酒和香槟至八分满。用柠檬和樱桃装饰。

鸡蛋啤酒

黑丝绒

八、以葡萄酒为基酒

基尔

1. 基尔（Kirl）

基尔原指以干白葡萄酒加入黑醋栗利口酒调制成的鸡尾酒而皇家基尔则以香槟代替干白葡萄酒。

（1）材料　干白葡萄酒2盎司，黑醋栗利口酒1/3盎司。

（2）用具　鸡尾酒杯。

（3）制法　在鸡尾酒杯中倒入冰镇的干白葡萄酒，然后倒入黑醋栗利口酒，搅拌均匀。

2. 翠竹（Bamboo）

这款“翠竹”鸡尾酒的味道有点像竹子里清冽的汁液，因此得名。

（1）材料　干雪利口酒1.5盎司，干味美思0.5盎司，橙味苦酒1大滴。

（2）用具　调酒杯，滤冰器，调酒匙，鸡尾酒杯。

（3）制法　将冰镇的各种材料放在调酒杯中，搅拌均匀，过滤到鸡尾酒杯中。

3. 香槟鸡尾酒（Champagne）

香槟鸡尾酒是以香槟为基酒调制而成，气质高雅，似乎能够感觉到上流社会的奢侈味道。

（1）材料　香槟酒2盎司，苦酒1滴，方糖1块。

（2）用具　调酒杯，滤冰器，调酒匙，鸡尾酒杯。

（3）制法　将冰镇的各种材料放在调酒杯中，搅拌均匀，过滤到鸡尾酒杯中。

翠竹

香槟鸡尾酒

4. 含羞草（Mimosa）

含羞草是以香槟为基酒的鸡尾酒。

（1）材料　香槟酒1/2杯，橙汁1/2杯。

（2）用具　酸酒杯。

（3）制法　将冰镇的橙汁放在酸酒杯中，然后，慢慢注入香槟酒。

含羞草

5. 迸发（Spritzer）

这款鸡尾酒20世纪80年代在美国大行其道，由苏打水和干白葡萄酒混合而成，苏打水令口中葡萄酒的味道不时随气泡迸出。

（1）材料　葡萄酒3盎司，苏打水适量。

（2）用具　鸡尾酒杯。

（3）制法　将冰镇的葡萄酒倒在鸡尾酒杯中，然后，慢慢注入苏打水。

6. 交响曲（Symphony）

这款鸡尾酒魅力十足，由白葡萄酒和蜜桃利口酒调和，酸味清爽，口味丰富，犹如在酒杯中演奏的一首交响乐。

（1）材料　白葡萄酒3盎司，蜜桃利口酒0.5盎司，石榴糖浆1茶匙，白糖浆2茶匙。

（2）用具　调酒杯，吧匙，鸡尾酒杯。

（3）制法　将冰镇的材料倒在调酒杯中，然后，轻轻搅拌均匀，滤入鸡尾酒杯中。

迸发

交响曲

7. 葡萄酒库勒（Wine Cooler）

葡萄酒库勒

“葡萄酒库勒”鸡尾酒有很多种调制法。例如，葡萄酒可选用红葡萄酒，也可用白葡萄酒；装饰水果也可自由选择。适合于夏季饮用。

（1）材料　白葡萄酒3盎司，橙汁1盎司，石榴糖浆0.5盎司，君度1/3盎司，碎冰适量

（2）用具　调酒杯，吧匙，海波杯。

（3）制法　将冰镇的材料倒在调酒杯中，然后，轻轻搅拌均匀，滤入装满碎冰的海波杯中。

8. 心灵之吻（Soul Kiss）

这款橙黄色的鸡尾酒由两种味美思和杜本内酒调制而成的。其风味似乎诉说着恋人之间的缠绵，使两颗心灵相互碰撞，产生爱的火花。

（1）材料　干味美思2/3盎司，甜味美思2/3盎司，杜本内酒1/3盎司，橙汁1/3盎司。

（2）用具　调酒壶，鸡尾酒杯。

（3）制法　将材料倒在调酒壶中，摇匀，滤入鸡尾酒杯中。

9. 玫瑰人生（Rose）

这款鸡尾酒由干味美思和樱桃白兰地搅拌而成，一如玫瑰般高贵华丽，展示着绚丽的人生。

（1）材料　干味美思1.5盎司，樱桃白兰地2/3盎司，石榴糖浆1滴。

（2）用具　调酒杯，吧匙，鸡尾酒杯。

（3）制法　将冰镇的材料倒在调酒杯中，然后，轻轻搅拌均匀，滤入鸡尾酒杯中。

心灵之吻

玫瑰人生

10. 航海者（Navigator）

航海者

这是一款在葡萄牙非常流行的鸡尾酒。用酸莓果苏打水掺兑波特葡萄酒制成的鸡尾酒，色彩夺目、口味清凉，宛如航海者盛夏中的一杯渴望。

（1）材料　波特葡萄酒2盎司，酸莓果苏打水适量。

（2）用具　调酒杯，吧匙，酸酒杯。

（3）制法　将冰镇的材料倒在调酒杯中，然后，轻轻搅拌均匀，滤入酸酒杯中。

九、以清酒为基酒

1. 清酒马天尼（Saketini）

将传统马天尼材料中的干味美思换成清酒，就是一款日本风味的鸡尾酒。

（1）材料　日本清酒0.5盎司，金酒1.5盎司。

（2）用具　调酒杯，吧匙，鸡尾酒杯。

（3）制法　将冰镇的材料倒在调酒杯中，然后，轻轻搅拌均匀，滤入鸡尾酒杯中。装饰物可根据口味使用橄榄或柠檬皮。

2. 清酒酸（Sake Sour）

口味清新、提神醒目，这是清酒酸的特色，饮后使人神清气爽。

（1）材料　日本清酒1.5盎司，柠檬汁0.5盎司，砂糖1茶匙，苏打水适量，柠檬1片，樱桃1颗。

（2）用具　调酒壶，高脚杯。

（3）制法　将材料倒在调酒壶中，然后，摇匀，滤入高脚杯中，最后，慢慢注

清酒马天尼

清酒酸

入苏打水，用柠檬、樱桃装饰。

3. 武士（Samurai）

不习惯清酒口味的人不妨喝这种鸡尾酒试试看，莱姆汁青涩的香味可以抑制清酒独特曲味，使它较容易入口，相当受欢迎。

（1）材料　清酒1.5盎司，莱姆汁0.5盎司，冰块适量。

（2）用具　搅拌长匙，葡萄酒杯。

（3）制法　杯中放2～3块冰块，倒入上述材料轻轻搅拌即可。可放入橄榄装饰。

武士

十、以利口酒为基酒

1. 天使之吻（Angel's Kiss）

“天使之吻”鸡尾酒口感甘甜而柔美，如丘比特之箭射中恋人的心。取一颗甜味樱桃置于杯口，在乳白色鲜奶油的映衬下，恍似天使的红唇，这款鸡尾酒因此得名。

（1）材料　可可甜酒4/5盎司，鲜奶油1/5盎司，樱桃1个。

（2）用具　搅拌长匙、利口酒杯。

（3）制法　采用引流法将可可甜酒从杯侧轻轻注入利口酒杯中，然后。同样方法将奶油轻轻注入利口酒杯中，使其漂浮在酒面上产生分层的效果，最后，将酒签刺穿的樱桃横在杯口装饰。

2. 青蚱蜢（Green Grasshopper）

此款鸡尾酒颜色翠绿，一如草地上跳动的精灵——青蚱蜢。

（1）材料　白色可可酒2/3盎司，绿色薄荷香甜酒2/3盎司，鲜奶油2/3盎司，冰块适量。

天使之吻

青草蜢

（2）用具　调酒壶，浅碟形香槟杯。

（3）制法　调酒壶内加上一半的冰块，再把上述材料倒入一起摇匀后，倒入浅碟形香槟杯内。

3. 快快吻我（Kiss Me Quick）

快快吻我

情意绵绵，深情款款，风味特别，充满诱惑，这是注定为情人打造的一款鸡尾酒。

（1）材料　茴香酒2盎司，君度酒1/3盎司，苦酒2滴，苏打水适量。

（2）用具　调酒壶，海波杯。

（3）制法　摇酒器内加上冰块，再把上述材料倒入一起摇匀后，倒入海波杯内，最后注入苏打水。可放入柠檬片装饰。

4. 樱花盛开（Cherry Blossom）

色彩绯红如盛开的樱花，漫天飞舞，弥漫着春天的信息。

（1）材料　橙味利口酒1/2茶匙，红石榴糖浆2茶匙，柠檬汁1/3盎司，樱桃白兰地酒1盎司，白兰地酒0.5盎司，冰块适量。

（2）用具　调酒壶，鸡尾酒杯。

（3）制法　把以上材料和冰块放进调酒壶内，摇匀，最后滤入鸡尾酒杯内。

5. 彩虹（Rainbow）

此酒是根据材料酒的密度不同，采用合适的调制方法，使之达到分层的效果，一如天上雨后的彩虹，色彩绚丽。

（1）材料　红石榴糖浆1盎司，绿薄荷酒1盎司，蓝香橙1盎司，君度酒1盎司，白兰地酒1盎司。

（2）用具　利口酒杯，吧匙。

樱花盛开

彩虹

（3）制法　采用引流法依次将红石榴糖浆、绿薄荷酒、蓝香橙、君度酒、白兰地酒等从吧匙的背面，沿着酒杯的侧壁慢慢注入，使之产生分层的效果。

6. 金巴利苏打（Campari Soda）

Campari酒是一种苦味酒，酒的苦味来自苦橘子皮和龙胆，是世界上最受欢迎的苦味酒了。经过苏打水的稀释口味更加醇和，诱人食欲。

（1）材料　金巴利酒1.5盎司，苏打水适量，冰块适量。

（2）用具　哥连士杯。

（3）制法　在酒杯中放入冰块，先倒入金巴利酒，最后注入苏打水。可放入柠檬片装饰。

金巴利苏打

7. 薄荷富莱普（Peppermint Frape）

颜色碧绿，溢满薄荷的清香，更有刨冰的清凉，是一款适合夏季饮用的鸡尾酒。

（1）材料　薄荷酒1.5盎司，薄荷叶1片，碎冰适量。

（2）用具　浅碟香槟杯。

（3）制法　在酒杯中放入碎冰，注入薄荷酒，最后放上薄荷叶点缀。

8. 寡妇之吻（Widow's Kiss）

在这款鸡尾酒中，你会体会到个中滋味，美味与魅力同在。

（1）材料　当姆香草利口酒0.5盎司，黄色修道院酒0.5盎司，苹果白兰地1盎司，苦酒1滴，樱桃番茄1颗。

（2）用具　调酒壶，葡萄酒杯。

（3）制法　将各种材料，放入调酒壶中摇匀，滤入葡萄酒杯中。用樱桃番茄装饰。

薄荷富莱普

寡妇之吻

9. 媚眼（Grad Eye）

媚眼

"回眸一笑百媚生，六宫粉黛无颜色。"媚眼鸡尾酒也极具这样的魅力！

（1）材料　茴香利口酒1盎司，绿薄荷酒0.5盎司。

（2）用具　调酒壶，鸡尾酒杯。

（3）制法　将各种材料，放入调酒壶中摇匀，滤入鸡尾酒杯中。

10. 金色梦想（Golden Dream）

每个人都有自己的梦想，让金色梦想圆自己的一个心愿吧。

（1）材料　加里安诺1盎司，君度酒0.5盎司，鲜奶油0.5盎司，柳橙汁1盎司，冰块适量。

（2）用具　调酒壶，鸡尾酒杯。

（3）制法　调酒壶内加入一半的冰块，再把上述材料倒入一起摇匀后，倒入鸡尾酒杯。

11. 波西米亚狂想曲（Bohemian Rhapsody）

记得有一首歌，也叫波西米亚狂想曲，当年不仅蝉联英国排行榜榜首达九周之久，而且在不少西方国家的排行榜上也名列首位，这首歌在摇滚史上更被称作"摇滚歌剧"。当时的评论说这首歌曲在悠扬中蕴涵无尽伤痛的情绪，充分体现了皇后乐队唯美精致的乐风。而本款鸡尾酒似乎也有自己特别的风格。

（1）材料　杏仁白兰地1盎司，石榴糖浆1/6盎司，柠檬汁1/6盎司，柳橙汁2/3盎司，苏打水适量，冰块适量。

（2）用具　调酒壶，果汁杯。

金色梦想

波西米亚狂想曲

（3）制法　调酒壶内加入一半的冰块，再把上述材料倒入一起摇匀后，倒入果汁杯，最后注入苏打水。可用柠檬片装饰。

12. 黄鹦鹉（Yellow Parrot）

黄鹦鹉即是黄色的鹦鹉，这款鸡尾酒大概因其浓稠的黄色彷佛如鹦鹉的茸毛而得名吧。但是可爱的名字背后却是高达30%的酒精度数。外表温柔，内心刚烈，也是黄鹦鹉的特色！

（1）材料　杏味白兰地0.5盎司，彼诺茴香酒0.5盎司，修道院黄酒0.5盎司，冰块适量。

（2）用具　调酒壶，鸡尾酒杯。

（3）制法　将材料和冰放入调酒壶，摇匀，然后注入鸡尾酒杯。

黄鹦鹉

十一、以中国白酒为基酒

1. 中国马天尼（Chinatini）

采用茅台酒调制而成，味美醇厚，酱香突出。

（1）材料　茅台酒3盎司，玫瑰露酒1盎司，橄榄1个，柠檬皮适量。

（2）用具　调酒壶，鸡尾酒杯

（3）制法　将茅台酒和玫瑰露酒放入调酒壶中摇匀，滤入鸡尾酒杯，杯口用柠檬皮擦拭，橄榄沉底装饰。

2. 长城之光（The Light of the Great Wall）

酒液色美、味道酸甜，适合于四季饮用。

中国马天尼

长城之光

（1）材料　竹叶青1.5盎司，金奖白兰地0.5盎司，柠檬汁1.5盎司，石榴糖浆1茶匙，冰块适量。

（2）用具　调酒壶，鸡尾酒杯。

（3）制法　将材料和冰放入调酒壶，摇匀，然后滤入鸡尾酒杯。

3. 水晶之恋（Crystal Love）

味道甘美、香气幽雅，清澈透明如水晶一般，象征着两个人的纯洁爱情。

（1）材料　洋河大曲2盎司，中国干白葡萄酒1/3盎司，红樱桃　1颗。

（2）用具　调酒壶，鸡尾酒杯。

（3）制法　将材料和冰放入调酒壶，摇匀，然后滤入鸡尾酒杯，红樱桃沉底装饰。

水晶之恋

4. 熊猫（Panda）

酒液黄色，醇厚宜人，具有幽雅的酱香气息。

（1）材料　茅台酒1盎司，柳橙汁1盎司，蛋黄1只，绿樱桃1颗，白砂糖1茶匙。

（2）用具　调酒壶，鸡尾酒杯。

（3）制法　将材料和冰放入调酒壶，摇匀，然后滤入鸡尾酒杯，用绿樱桃卡杯口装饰（最好用竹叶装饰）。

5. 中国古典（China Classic）

融桂花香与酱香于一体，口味典雅。

（1）材料　桂花陈酒1盎司，茅台酒1盎司，绿樱桃1颗。

（2）用具　调酒壶，鸡尾酒杯。

熊猫

中国古典

（3）制法　将各种材料放入调酒壶中，摇匀，滤入鸡尾酒杯中，绿樱桃沉底装饰。

6. 雪花（Snowflake）

酒香味浓，洁白如雪花，是四季饮用的佳品。

（1）材料　五粮液1盎司，莲花白1盎司，菊花酒1盎司，鲜牛奶1盎司。

（2）用具　调酒壶，古典杯。

（3）制法　将各种材料放入调酒壶中，摇匀，滤入古典杯中。

雪花

7. 中国彩虹（China Rainbow）

色彩分明、艳丽，彷佛天上彩虹。

（1）材料　红石榴糖浆1盎司，蓝色利口酒1盎司，绿色薄荷利口酒1盎司，金奖白兰地1盎司。

（2）用具　利口酒杯。

（3）制法　将红石榴糖浆、蓝色利口酒、绿色薄荷利口酒、金奖白兰地等依次从利口酒杯杯壁注入酒杯，使之产生分层效果。

8. 一代红妆（A Generation of Beauty）

酒液红艳、果香四溢，适合女士饮用。

（1）材料　竹叶青1.5盎司，中国白葡萄酒4盎司，酸橙汁1盎司，石榴糖浆1盎司，苏打水适量。

（2）用具　调酒壶，果汁杯。

（3）制法　将各种材料放入调酒壶中摇匀后，滤入果汁杯，最后，注入苏打水。

中国彩虹

一代红妆

9. 一江春绿（Green Spring in the River）

一江春绿

酒液碧绿，干性爽口，清静幽香，是女士们的理想饮品。

（1）材料　竹叶青1.5盎司，干味美思1盎司，绿薄荷酒0.5盎司。

（2）用具　调酒壶，鸡尾酒杯。

（3）制法　将各种材料放入调酒壶中摇匀后，滤入鸡尾酒杯。

10. 太空星（Star of the Outer Space）

造型别致，如星星围绕着太阳转动，所以取名“太空星”。

（1）材料　莲花白酒1盎司，鲜橙1只，红樱桃1颗，吸管1支。

（2）用具　浅碟形香槟酒杯。

（3）制法　将鲜橙洗净擦干，用小刀从橙子顶部4/5处切开，分成两个部分，较大的部分用吧匙掏空成容器，果肉榨汁后与莲花白酒混合注入；小的部分上面掏一个小洞，插入串有红樱桃的吸管，然后一起盖在大的部分上面，使之还如一个完整的鲜橙，最后，将其放入浅碟形香槟酒杯中。

11. 桂花飘香（Sweet-scented Osmanthus’s Fragrance）

具有桂花色和香气，口感柔和，是秋季饮用的时令饮品。

（1）材料　桂花陈酒1.5盎司，鲜橙汁2盎司，郎酒0.5盎司，樱桃番茄1个。

（2）用具　调酒壶，浅碟形香槟杯。

（3）制法　将各种材料放入调酒壶中摇匀后，滤入浅碟形香槟杯，用樱桃番茄

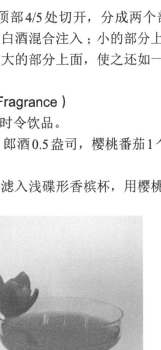

太空星

桂花飘香

刻花装饰。

东方之珠

12. 东方之珠（Pearl of the Orient）

这款鸡尾酒诞生于1997年香港回归之时，酒液微红，兼有多种果香，适合女士饮用。

（1）材料　玫瑰露酒1盎司，香橙利口酒0.5盎司，柠檬汁0.5盎司，石榴糖浆3滴，蛋清1/3个，红樱桃1颗。

（2）用具　调酒壶，鸡尾酒杯。

（3）制法　将各种材料放入调酒壶中摇匀后，滤入鸡尾酒杯，用红樱桃沉底装饰。

十二、无酒精鸡尾酒

1. 佛罗里达（Florida）

这是以美国南部佛罗里达州的名字命名的鸡尾酒。此酒是无酒精饮料中的名品。

（1）材料　橙汁3/4盎司，柠檬汁1/4盎司，砂糖1茶匙，树皮苦酒2滴。

（2）用具　调酒壶，鸡尾酒杯。

（3）制法　将所有材料倒入调酒壶中摇和；然后将摇和好的酒倒入鸡尾酒杯中。

2. 灰姑娘（Cinderella）

这是一款无酒精鸡尾酒。灰姑娘从一个普通的女孩变成了王妃，寓意非常美好，所以选用此名来命名这款鸡尾酒。无酒精鸡尾酒有很多，灰姑娘是其中最具人气、最令人瞩目的一款。

（1）材料　橙汁1盎司，柠檬汁1盎司，菠萝汁1盎司，红樱桃一颗。

（2）用具　调酒壶，鸡尾酒杯。

佛罗里达

灰姑娘

（3）制法　将所有材料倒入调酒壶中摇和；然后将摇和好的酒倒入鸡尾酒杯中。用红樱桃沉底装饰。

3. 秀兰・邓波儿（Shirley Temple）

这是以曾经风光一世的明星秀兰・邓波儿的名字命名的鸡尾酒，这杯鸡尾酒由于不含酒精，口味酸甜略带姜汁的辛辣，适合任何场合饮用。

（1）材料　石榴糖浆2/3盎司，姜汁汽水适量，柠檬片1片。

（2）用具　坦布勒杯。

（3）制法　将石榴糖浆倒入加满冰块的坦布勒杯中；然后用姜汁汽水注满酒杯，轻轻地调和；最后，用柠檬片装饰。还可加入一颗樱桃。

秀兰・邓波儿

4. 潜行者（Pussyfoot）

潜行者亦称“猫步”，是形容那些像猫一样轻轻走路的人。这是一款无酒精鸡尾酒，加入蛋黄的目的，是为了调和出金黄色。

（1）材料　橙汁3/4盎司，柠檬汁1/4盎司，石榴糖浆1茶匙，蛋黄1个。

（2）用具　调酒壶，鸡尾酒杯。

（3）制法　将所有材料倒入调酒壶中长时间地摇和；然后将摇和好的酒倒入鸡尾酒杯中。

潜行者

参考文献

[1] 康明官编著．鸡尾酒调制及饮用指南．北京：化学化工出版社，1999.

[2] 吴克祥，范建强主编．吧台酒水操作实务．沈阳：辽宁科学技术出版社，1997.

[3] 李祥睿，陈洪华主编．配制酒配方与工艺．北京：中国纺织出版社，2009.

[4] 李祥睿主编．饮品与调酒．北京：中国纺织出版社，2008.

[5] 若松诚志主编．经典鸡尾酒．艾青译．南京：江苏科学技术出版社，2003.

[6] 李祥睿，陈洪华主编．饮品配方与工艺．北京：中国纺织出版社，2009.

[7] 双长明，李祥睿主编．饮品知识．北京：中国轻工业出版社，2000.